国家出版基金项目
NATIONAL PUBLICATION FOUNDATION

"十三五"国家重点图书

中国少数民族
服饰文化与传统技艺

满 族

满 懿◎编著

国 家 一 级 出 版 社
全国百佳图书出版单位
中国纺织出版社有限公司
·北京·

内 容 提 要

本书为"十三五"国家重点图书"中国少数民族服饰文化与传统技艺"系列丛书中的一册。

本书以宗教学、民俗学、民族学理论为研究基础，从满族历史溯源、社会制度对满族服饰的影响、人生礼俗与服饰、满族服饰种类与结构、服饰材料与工艺、满族服饰的装饰以及满族服饰的传承等方面向读者展示了满族服饰艺术的发展规律，勾画出满族服饰艺术发展的基本轨迹，揭示了其对中华民族服饰文化的影响。本书作者深入田野，实地考察，以严谨的科学态度获取了大量宝贵的图片资料，为满族服饰文化的传承、发展和研究提供了可贵的研究资料。

本书图文并茂，适合民族服饰文化专业师生及民族服饰文化爱好者等行业相关人员学习参考。

图书在版编目（CIP）数据

中国少数民族服饰文化与传统技艺. 满族 / 满懿编著.
--北京：中国纺织出版社有限公司，2022.3
"十三五"国家重点图书
ISBN 978-7-5180-9122-5

Ⅰ．①中… Ⅱ．①满… Ⅲ．①满族—民族服饰—文化研究—中国 Ⅳ．①TS941.742.8

中国版本图书馆CIP数据核字（2021）第225586号

策划编辑：郭慧娟 李炳华
责任编辑：魏 萌 苗 苗
责任校对：王花妮
责任印制：王艳丽

中国纺织出版社有限公司出版发行
地址：北京市朝阳区百子湾东里A407号楼 邮政编码：100124
销售电话：010—67004422 传真：010—87155801
http://www.c-textilep.com
中国纺织出版社天猫旗舰店
官方微博 http://weibo.com/2119887771
北京华联印刷有限公司印刷 各地新华书店经销
2022年3月第1版第1次印刷
开本：889mm×1194mm 1/16 印张：18.5
字数：376千字 定价：298.00元 印数：1—2000

国家课题组成员：（按拼音排序）

鲍明　曹萌　陈梦兮　高玉侠　姜昱　李彤彤
山红　邵秀丽　王甫　王鸣　吴青林　张瑶

辽宁省课题组成员：（按拼音排序）

陈梦兮　高俊杰　胡婉　姜昱　李蓓　王云云
张瑶　朱婉婷

鲁迅美术学院课题组成员：（按拼音排序）

高俊杰　胡婉　王云云　朱婉婷

图例绘制人员：（按拼音排序）

白雪　曹丹　陈梦兮　陈雪　崔晓琪　董美琪　房雪珂
傅闲　付晓伟　付钰涵　何永超　姜柏涛　姜昱　李嘉
李明妍　李文旭　刘飞　刘红　刘简珏　刘巧玲　刘松铭
刘舒　刘婷婷　刘星芊　刘盈池　吕耀宗　马冬雪　马贺
孟曦　彭露　彭玉　冉雅杰　任美娇　邵秀丽　宋悦嘉
王辰　王磊　王远大　王琢琪　线多璞　向梦婷　邢凤秋
徐萍　徐熔　薛楚航　杨茗升　杨熠鑫　於永涛　于爱情
于月　张曦　张英文　张震　赵一荻　朱兵扬

图片数字处理人员：（按拼音排序）

陈梦兮　高俊杰　胡婉　姜昱　李华文　王云云

全国艺术科学"十五"2005年度国家课题"满族服饰艺术研究"（项目编号：05DF116）

辽宁省社科基金2017项目"满族民俗图案文化研究"（批准号：L17BMZ003）

鲁迅美术学院项目"满族服饰技艺"（项目编号：2018lmz09）

序

1992年，笔者师从乌丙安先生学习民俗学，从此开始关注服饰民俗。1995年，在俄罗斯布拉戈维申斯克博物馆第一次看到了赫哲族的鱼皮服饰。教学之余，便开始关注鱼皮服饰。2005年，笔者随同沈阳师范大学考察团进行了"辽宁省满族发展状况"的调研后，便决定以"满族服饰艺术"为研究课题，后有幸获批为"国家艺术规划项目"。

刚接触满族服饰时，觉得遍地的旗袍、马褂可为研究提供大量素材。随着课题的逐步深入，才发觉仅满汉服饰融合这一个特色就给学术研究带来巨大的干扰，需要抽丝剥茧般地甄别。民族意识使民族服饰在迁徙中依旧保持着民族特色，服饰背后的精神力量凝结为艺术形象，使斑斓服饰一代代延续下来。满族服饰不仅仅拥有华丽的外表，而且含蓄深邃，一针一线都凝结着一个民族文化思想的变迁。民族图腾信仰让旗头高耸、花团锦簇，让长发及地，让蝴蝶满身飞舞。"十八镶嵌"不仅是西方繁缛思潮所致，更是民族镶拼技艺的演变。在不断推倒和建立的学术假设、科学推论中，在宗教学、民俗学、民族学理论的支持下，笔者一步步地靠近很多服饰现象、服饰习俗的谜底。笔者每发现可作为学术论据的线索时都会异常兴奋，然后心怀忐忑地一遍遍推敲、探秘、解密，再寄望于出现更多的佐证材料，让学术推论立得住、站得稳。

从关注服饰民俗到田野调查，一直都得益于乌丙安先生的教诲与指导。2008年，在"满族服饰艺术"结题鉴定时，辽宁大学的乌丙安先生、鲁迅美术学院的李浴先生、清华大学的张夫也先生、北京服装学院的赵平先生、中国妇女儿童博物馆的杨源先生都曾给予非常中肯的意见。

1. 注重田野考察，以严谨的科学态度获取宝贵的图片资料后，从民族宗教学、社会学、人类学、民族学、民俗学、文学、语言学、戏曲等角度加以整理和研究。站在历史与文化的高度，对满族服饰进行了深入而系统的分析与探讨，为本学科和其他学科研究，从满族服饰和发展变迁方面，提供了翔实的图片和依据。

2. 从满族宗教思想、民俗文化入手，探寻服饰艺术的思想源头。笔者从相关的史诗、神话、传说中取证，多角度、多方位展开深入分析研究，对存疑问题进行合理分析与推测，努力探究发生根源及满族服饰的原生态，并提出自己的观点和学术主张。本书合理解释满族服饰艺术的发展规律：以历史纵向变化为轴，满族服饰海纳百川，既吸收其他民族文化又坚守本民族特色，以不断前行的姿态走向全国，影响了整个中华民族服饰文化。

3. 坚持历史唯物主义的原则与方法，勾画出满族服饰艺术发展的基本轨迹。这种多学科、多角度的分析和比较研究，与以往仅在服饰范围中探索研究方法相比较，无疑是一种新的突破。

2016年，中国纺织出版社的"中国少数民族服饰文化与传统技艺丛书"获批中央宣传部、国家新闻出版广电总局"十三五"国家重点图书出版规划项目，《中国少数民族服饰文化与传统技艺·满族》一书也列入其中。笔者在此规划项目的促进下，继续拓深满族的服饰研究，今日得缘重结新集。愿此书能够答谢诸位导师，让仙逝的李浴先生、乌丙安先生看到后辈的精诚治学。

衷心感谢鲁迅美术学院所给予的出版资金支持，感谢北京服装学院多年来一直给予的学术支持。

自为序。

鲁迅美术学院教授
课题主持人　满懿
二〇二一年五月　于沈阳

目 录
CONTENTS

第一章
满族历史溯源

第一节　族源与历史沿革

　　满族的先人没有文字，从民族学角度出发，若想对没有文字记载的民族生活进行研究，若想知道满族的历史文化，只能借助他们的口述故事、邻族文献以及外族关于他们的记载。对于民族学来说，虽不能将民族故事信为史实，但在口口相传的故事中仍可以找到这个民族过去的许多文化，获得关于他们的文物、制度、思想、信仰等各方面的信息，对他们的文化有更进一层的了解。满族早期部落文化与北方多民族部落文化相互影响，是一个与赫哲族、蒙古族、汉族等民族有多重交融的民族。从满族的多部史诗、传说中获悉，发源于黑龙江地区的满族先祖曾以渔猎为生，大量使用鱼皮与兽皮。在黑龙江和乌苏里江一带的民族都有使用鱼皮服饰的习俗，如鄂伦春族人也曾以"鱼皮为帐"。本书中的满族先祖的渔猎历史，将借鉴赫哲族所留存的渔猎文化。

　　最早记载赫哲族的文献是《金史》，其呈文中有"兀的哥""吉烈迷"自金元以后接受女真和蒙古文化。明永乐御碑记录："吉列迷，不产布帛。捕鱼食肉衣皮。辽金时赐衣服器用"。《大明一统志》引《开原新志》云："着直筒衣，暑用鱼皮，寒用狗皮"。清初时期赫哲族还没有入编八旗，在乾隆时期《皇清职贡图》的记载中，赫哲、费雅喀、库野都是使用鱼皮的部落，"缘以色布，边缀铜铃，亦与铠甲相似"。1882年光绪时期，赫哲族入编旗籍。凌纯声先生1934年所著《松花江下游的赫哲族》一书中的照片显示，1920年田野调查时的赫哲男女已着满族服饰。1965年人口普查后被定为赫哲族。

　　北方很多民族的名称都是"窝集"的转音，总名为乌稽。窝集，满族词语，即原始森林的意思。魏汉的沃沮，隋唐的勿吉、靺鞨（图1-1），明代的兀者，清代的渥集，俄罗斯的那乃、乌得赫，都是从"窝集"一语转变而来的。赫

图1-1　辽宁朝阳唐墓出土的粟末靺鞨石俑

哲族先民是黑水靺鞨的一个分支，赫哲是赫真的转音，黑哲、黑斤、黑津、黑真、黑金、额登等名称的同音异写。唐代渤海是靺鞨的转音。

一、明代对中国北方民族的认识

鲜卑建魏，契丹建辽，女真建金，蒙古建元，满洲建清。这些举足轻重的封建帝国给中国服饰历史以重大影响，推动了整个中华服饰史的发展，也使中华服饰愈加丰富（图1-2）。

满族从部落制开始发展，一直到进入国家制。满族属通古斯人，世代生活在南起长白山地、北抵外兴安岭、西自黑龙江上游和嫩江两岸、东达海滨及库页岛的广大地区。满族先世很早就与中原地区有密切的联系。17世纪满族在辽东地区形成一个新民族共同体。构成其基本源流的那部分女真人，主要来自东北北部和东北部的边远地带，那里自远古以来就是世界范围内分布最辽阔、形态最完整的渔猎文化区。同为明代女真的后裔，因女真人的滞留和南迁不断分化为新的民族，满族与赫哲族、乌德赫人、鄂温克族、鄂伦春族等有着血缘和文化的联系。由于满族先民步步南迁，在白山黑水之间形成了女真族（今满族）、蒙古族、朝鲜族、汉族四个民族杂居，渔猎、游牧、农耕三种文化并存互动的格局（图1-3）。

南京博物院馆藏的《坤舆万国全图》是公元1608年（明万历三十六年）宫廷中的彩色摹绘本，由意大利耶稣会的传教士利玛窦在中国传教期间敬献给中国皇

图1-2 《北魏贵胄出行图》局部（大同市博物馆藏）

图1-3 辽墓壁画局部（河北博物馆藏）

帝，是国内现存最早的、也是唯一的一幅据刻本摹绘的世界地图。他以当时西方世界地图为蓝本，并在地图上针对一些地域做了部分注释。利玛窦作为外国人对中国地域的注释应该来自中国政府的态度和认识。从这个地图上的注释文字看，此时，明朝政府对北方民族还不甚了解。对"靺鞨"与"女直"（应该是女真）都没有进行注释，而对生活在更北方的"襪结子"与"奴儿干"却做了比较详细的注释。而这些注释与今天对赫哲族与女真的解释吻合。而因纽特人也曾经是"鱼皮部落"（按图1-4《坤舆万国全图》描绘出位置，并记录下文字）。将明代的山川位置与今天的地理位置相比较，便可准确寻找研究所需要的信息。图1-5是《坤舆万国全图》局部摹本。

标注在"襪结子"旁边的文字是："其人髡首披皮为衣不鞍而骑善射遇人辄杀而生食其肉其国三面皆室韦。"与满族发式、衣俗、骑法、地理相同。

标注在"奴儿干"旁边的文字是："奴儿干都司皆女直地元为胡里改令设一百十四卫二十所其分地未详。""女直"与"女真"发音相近。

标注在"北室韦"下面的文字是："地多积雪人骑木而行以防坑陷捕貂为业衣鱼皮。"又与赫哲族生活习性相似。

标注在地图右边上的文字中提道："（前略）盖日轮一日做一周则每辰行三十度而两处相违三十度并谓差一辰故视女直离福岛一百四十度而缅甸离一百一十度则明女直于缅甸差一辰而凡女直为卯时缅方为寅时也。"

"女直"所居之处的经度与今天赫哲族最东边的地理相同，而文字没有任何语法标记。

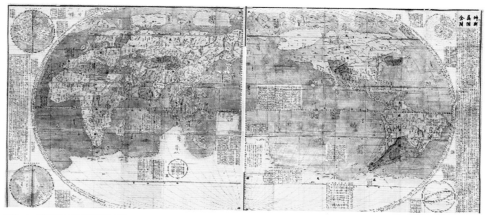

图1-4　利玛窦《坤舆万国全图》

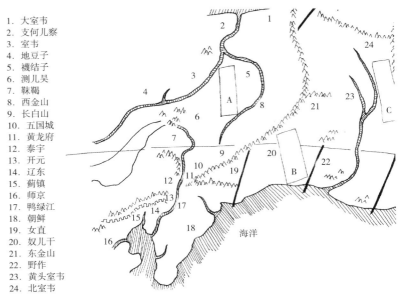

1. 大室韦
2. 支何儿察
3. 室韦
4. 地豆子
5. 袜结子
6. 测儿吴
7. 鞑靼
8. 西金山
9. 长白山
10. 五国城
11. 黄龙府
12. 泰宇
13. 开元
14. 辽东
15. 蓟镇
16. 师京
17. 鸭绿江
18. 朝鲜
19. 女直
20. 奴儿干
21. 东金山
22. 野作
23. 黄头室韦
24. 北室韦

图1-5 利玛窦《坤舆万国全图》局部摹本

二、北方民族的演变

满族是中国东北地区历史悠久的少数民族。满族先民以勤劳的双手，披荆斩棘，对开发祖国边疆和巩固祖国边防、促进各民族间的经济发展与文化交流等都作出了重大贡献。她的先世肃慎，早在舜帝时代就已被称为"东方大国"，在先秦时期，也一直是以擅长射猎而著称的北方民族。在肃慎之后，其又以挹娄、勿吉、鞑靼、女真等名出现在历史上（图1-6）。直到天聪九年（1635年）皇太极改女真为满洲，从此被称为满族。她们世世代代劳动、生息、繁衍在辽阔富饶的"白山黑水"地区。北方多民族的演变直接影响到北方民族的服饰特点。根据东北三省对北方民族历史的研究结果，将中国东北少数民族的演化归纳结合为一个便于比较的图表（表1-1）。从这个图表中可以很清楚地看到历史学家们对北方民族的科学了解与把握，从而有利于把握满族服饰发展的整体脉络。

外部多重文化对满族先民产生了不同程度的影响，所以，即便它的早期也不是一个纯粹的氏族社会，这是社会学家对满族社会发展总结出的基本特点，满族服饰更是沿用了此规律。在国家形成过程中，满族从毗邻的各先进民族得到不同的益处，特别是在早期，其与蒙古族交往密切，深受蒙古族文化的影响（图1-7）。

表1-1　中国东北少数民族演化

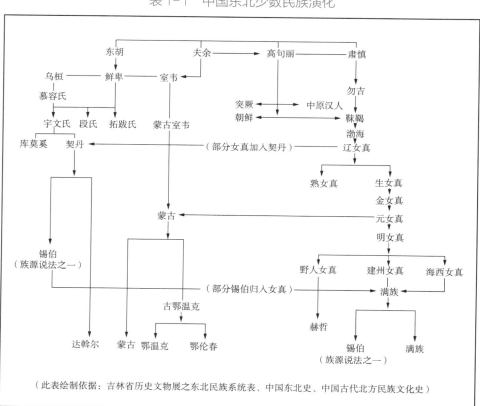

（此表绘制依据：吉林省历史文物展之东北民族系统表、中国东北史、中国古代北方民族文化史）

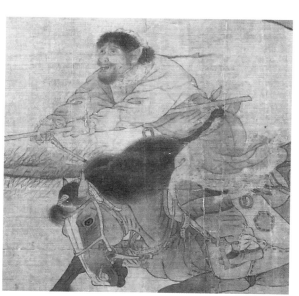

图1-6　金1184年《二骏图》局部（辽宁省博物馆藏）

图1-7　蒙古族女性装束（1921年发表）

长期以来，母仪天下的皇后一直是服饰史学家忽略的对象，很少给予正视和青睐，极少被纳入学者所关注的范围之列。然而，皇后这一具有特殊身份和来历的群体，不仅关乎国本、系乎朝纲，更会直接影响服饰发展变化的历程。她们的册立是政治生活中重要的组成部分，接受历史的遴选，秉承权势的曲张，引发时代的各种现象，更承载着服饰的历史使命，左右了各个时期不同的服饰，使服饰变化、发展历程得以印证。以努尔哈赤到康熙时期的皇后为研究对象，通过分析其选立以及祖籍的变化，就可揭示清初满与蒙、满与汉的关系，以及服饰形态变化的缘由。皇太极时期蒙古族女子权倾后宫，为满族的袍服形制打下了基础。顺治时期的蒙古族女子不受优礼，并开始纳满族女子为后。康熙时期及以后的各朝皇后几乎都是来自正黄旗、镶黄旗，皇后的宝座几乎与蒙古族女子绝缘了，服饰也开始强调女真人的风俗习惯。其后，随着汉族女子走进宫中，服饰上所体现的汉文化也就更加鲜明和丰富。清末，在末代皇后婉容的引导下，旗袍从外形起步开始逐渐向西方服饰风格靠拢。

与满族历代皇帝婚娶夫人的历史相联系，皇后易主不仅反映了满族与蒙古族、汉族关系的密疏变化，更能清楚地看到异族女性是直接影响满族服饰变化的重要因素。入关前后，皇后的选立发生了显著变化——入关前皇后均为蒙古族女子，入关后从顺治开始选择满族女子，皇帝后宫中逐渐出现满族女子、汉族女子，皇宫中有了曾经出国留洋的女官。因溥杰娶嵯峨浩为妻，满族皇族中还出现了日本女子的身影。女红是后宫中最重要的工作，女性的参与会直接把本民族的服饰元素带入满族服饰之中，从而出现新的服饰造型。

三、满族在历史学上的演变与称谓

（一）肃慎人

肃慎人是见于史籍记载最早的满族先人，是西周东北边境上的一个部族，是我国古老少数民族之一，世代居住在东北东临大海和黑龙江流域一带，即在今长白山之北，东至日本海，西至松花江中下游，北至黑龙江以北的广阔地区。满族先人以游猎为生，并且以善造弓箭闻名。其在舜、禹时代就与中原有了往来，周武王与周成王时，就曾到中原进贡，是周朝北方封疆之国，包括于西周版图之内。

春秋时期，周王室衰微，肃慎来朝较少，但仍有人乐道肃慎故事。

（二）挹娄人

两汉时，肃慎又称挹娄，臣属汉朝的属国夫余，隶属汉的玄菟郡管辖。其生活区域往南迁至辽宁省东北部，吉林省、黑龙江省东部和黑龙江以北，乌苏里江以东的广大地区。具体活动范围为东濒大海，西接寇漫汗国（即乌桓），南邻北沃沮（即图们江流域）和不咸山（即长白山），北及弱水（即黑龙江）。

根据《后汉书》的记载"挹娄，古肃慎之国也。在夫余东北千余里，东濒大海，南与北沃沮接，不知其北所及。土地多山险。人形似夫余，而言语各异。有五谷麻布，出赤玉好貂。无君长，其邑落各有大人。处于山林之间，土气极寒，常为穴居，以深为贵，大家至接九梯。好养豕，食其肉，衣其皮，冬以豕膏涂身，厚数分，以御风寒；夏则裸袒，以尺布蔽其前后……"可以推知挹娄在汉代曾臣属夫余，因而没有至中原朝贡。当时，挹娄仍处于原始社会阶段，没有形成国家，没有君主，没有纲纪，各邑落有大人即氏族酋长或部落酋长。魏晋南北朝时期，夫余势力已衰，他们又直接同中原王朝建立联系，又以肃慎之名来朝。因此，肃慎之名又出现在魏晋南北朝的史籍上。

（三）勿吉人

南北朝时，挹娄又名勿吉，逐渐代替了肃慎，因而《魏书》说："勿吉国，在高句丽北，旧肃慎国也"。三国时期，部分勿吉人南迁至松花江中流区域。其居住地与夫余、豆莫娄相近，具体而言，是在松嫩平原和三江平原的广大地区，中心区域在松花江与嫩江交汇处的松花江丁字形大曲折一带。而这一地域，就出现了夫余和勿吉考古文化交融混合的现象。勿吉在高句丽国以北，南接长白山，西至洮儿河源，北面和东面"不知所及"。考古学家认定，黑龙江绥滨同仁遗址，是南北朝时期的勿吉文化。这样看来，勿吉的北境起码已达黑龙江中游一带。

勿吉人的社会经济生活在肃慎、挹娄生产的基础上，增加了农耕的比重，种植有粟、麦、稷和葵，采用中原人早已淘汰的耦耕，特别是他们已能"嚼米酿酒，饮能致醉"，说明农业生产品已有了余裕。作为森林民族，狩猎业仍占主导地位，在他们眼里，牛马和猪狗一样，饲养它们为的就是宰杀吃肉。不同的是，挹娄人善"捕鱼"，勿吉人善"捕貂"。勿吉与中原皇朝的关系也是比较密切的，朝献使者多，规模大，必传入中原先进文化，推动勿吉的文化发展。由于汉族文化的传入，勿吉人和隋唐时期的靺鞨人生活的社会有了较快发展，最终在唐代，靺鞨人建立了文明发达的渤海国。

（四）靺鞨人

隋代，勿吉又叫靺鞨，只是在北齐、隋、唐之际，靺鞨已形成较大的七个部落。其中，以粟末部与黑水部最为强大。

1 粟末靺鞨

靺鞨的粟末部，位于其他六部的最南端。《新唐书》说："其著者曰粟末部，居最南，抵太白山，亦曰徒太山，与高丽接。依粟末水以居，水源于山西，北注他漏河。"太白山即长白山，粟末水即今之松花江西流一段，他漏河包括洮儿河及洮儿河注入嫩江下游流段（或松花江东流段）。粟末部约在今吉林省敦化市以西至吉林市乌拉一带，居住在松花江流域，亦因居粟末水而得名。隋初，粟末部因不堪高丽部的压迫，率千余户南迁居于营州（今朝阳），但大部分粟末靺鞨仍居住于原地。唐太宗时，又迁徙部落于幽州昌平。唐击败高句丽后，部分迁至朝阳。唐玄宗时，封渤海国。其辖区南至朝鲜半岛北部，北至松花江下游，东抵大海，西南至开原、丹东。渤海全盛时期，管辖地区东抵日本海，西至辽宁开原，北邻黑水靺鞨，南接高丽。渤海国覆灭以后，契丹统治者索性把大批渤海遗民迁移到临潢（即内蒙古昭盟巴林左旗）、东平（即辽宁辽阳），还有一部分人逃往朝鲜，留下的人极少。

2 黑水靺鞨

黑水部亦因居黑水旁而得名，位于靺鞨诸部的最北面，在隋末唐初得到发展。黑水部分布很广，据史料记载，黑水靺鞨"最处北方，尤称劲健"，"南与渤海国显德府界，北至小海，东至大海，西至室韦，南北约二千里，东西约一千里"，在今黑龙江省黑河市爱辉区以东、依兰县以北，直临大海的黑龙江下游地区。

公元668年，唐灭高句丽，乘机恢复了对原高句丽统治地区的控制，曾经附属于高句丽的靺鞨诸部或纷纷转而依附于唐，或分崩离析，以至"寖微无闻"，唯独黑水靺鞨尚存。其后不久，黑水靺鞨沿松花江、牡丹江南下西进，隔粟末水（今松花江）与唐对峙。唐玄宗时，封其首领倪属利稽为"勃利州刺史"。后又设黑水军、黑水都督府等直接管辖黑水靺鞨，任命最大部落酋长为都督。黑水靺鞨继承肃慎以来朝贡的传统，在唐建黑水州都督府之后，朝唐贡使不绝，契丹灭渤海后，黑水靺鞨改称女真，也受到辽的管辖，遂不来朝。

图1-8　渤海靺鞨人——唐章怀太子李贤墓壁画
（《客使图》局部）

③ 渤海国

唐朝开元元年（公元713年），在粟末地区设置忽汗州，特派鸿胪卿崔忻前往，授大祚荣为忽汗州都督，并册拜为左骁卫大将军、渤海郡王。于是大祚荣去靺鞨号，专称"渤海国"，后发展成为"海东盛国"（图1-8）。这是满族先世在我国历史上第一次建立的地方政权。统辖地域为北至松花江下游，南至朝鲜半岛北部，东临大海，西南达辽宁省北部及东部。渤海统治了二百多年，政治上，它和唐朝保持臣属关系，交往频繁。五代时，靺鞨改称女真，渤海势力日渐衰落。天赞五年（公元926年），渤海为契丹所灭。契丹灭渤海之后，黑水靺鞨南迁，在渤海故地建立东丹国，填补了渤海故地政治、经济和人口的空虚，并与当地残留的渤海遗民中的靺鞨人杂居在一起，女真部落兴旺起来了。

（五）辽代女真人

辽代是女真族的繁盛时期。在南至辽南，东至图们江流域、长白山以东、日本海、鸭绿江流域、松花江上游，北至松花江中下游、黑龙江中下游，东北至海及库页岛的广袤地区内，分布着女真各部。其中实力最强的生女真大抵分布于松花江之北，今吉林扶余之东，东至乌苏里江的广大区域内。《大明一统志》引《开原新志》云："女直野人，性刚而贪，文面椎髻，帽缀红樱，衣缘彩组，惟裤不裙。妇人帽垂珠珞，衣缀铜铃。射山为食，暑则野居，寒则室处。"

契丹人把大批渤海遗民强迫迁徙，造成满族先世靺鞨人经过二百多年辛勤创造的渤海文化，受到毁灭性的大破坏，渤海故地变成一片荒凉的废墟。到了12世纪，居住在松花江流域原属黑水靺鞨的后裔、生女真的完颜部开始崛起，在本族领袖完颜阿骨打的领导下，逐渐团结和统一了女真一些部落，其势日盛。在金朝不断南侵的过程中，大量的女真人也随之南迁至比较富庶的辽南及中原地区，渤海故地重新经营开发。

辽将女真分为"生女真"与"熟女真"两大部分。"熟女真"较为先进，分布于松花江以南及渤海国南部故地，是自生女真南迁至辽阳以南的部分。"生女真"较为落后，但较为强盛，分布于黑龙江中下游、松花江以北、东临大海的地区。生女真出自黑水靺鞨，自黑龙江中游南迁后，与当地渤海遗民中的靺鞨人联合起来组成了许多部落。辽代，女真人不断联合起来反抗辽统治者的政治压迫和经济剥削。北宋初年，"生女真"中的完颜部逐渐强盛，至北宋末年，逐渐统一了今吉林省以北各部女真。

（六）金代女真人

按出虎水即今阿什河，满洲语谓之阿勒楚喀河，金室始兴之地，金人称此地为"金源"。辽天庆五年（1115年），阿骨打称帝，国号大金，建元收国，定都会宁（今黑龙江省哈尔滨市阿城区南），建立了奴隶制的金国，这是满族先世继渤海国之后建立的第二个地方政权。1153年，金迁都燕京，控制了淮河以北的广大地域（图1-9、图1-10）。《金史志·卷二十四·舆服下·衣服通制》中写道："金人之常服四：带，巾，盘领衣，乌皮靴……初，女直人不得改为汉姓及学南人装束，违者杖八十，编为永制。妇人服襜裙，多以黑紫，上编绣全枝花，周身六襞积。上衣谓之团衫，用黑紫或皂及绀，直领，左衽，

图1-9 金人像（阿城亚沟摩崖石刻）

图1-10 北京金中都大安殿铜坐龙

披缝，两傍复为双襞积，前拂地，后曳地尺余。"《三朝北盟会编》中写有："冬极寒，多衣皮，虽得一鼠，亦褫皮藏之……以羔裘狼皮等为帽。"

金朝的女真人向着生产力更为先进的汉族居住区迁移，并经常处于主导地位，民族融合的过程加快。大量女真人进入中原，长期与汉人杂居共处的结果是融入了大量的汉文化，女真各部社会经济也随之发生了巨大变化（图1-11～图1-13）。农业生产力有了显著提高，手工业得到了发展，各部落间的交换也频繁起来，其社会制度向着封建化快速发展。金朝后期，生活在中原地区的女真人已无明显的民族特点。金被元灭之后，这部分女真人大多销声匿迹。留居于东北南部地区的女真人，也随着汉人的大量迁入而汉化。但散居于今松花江流域、黑龙江中下游、东临大海的女真人，没有受到多少影响，仍以渔猎为业，农业不发达，满洲即与这部分女真人有直接的渊源关系。

图1-11 裤装人形佩饰　　　　图1-12 袍服人形佩饰　　　　图1-13 人物袍服佩饰
（金上京历史博物馆藏）　　（金上京历史博物馆藏）　　（金上京历史博物馆藏）

（七）元代女真人

蒙古灭金后，中原地区200万女真人除死于战乱外，多与汉族融合（图1-14）。在成吉思汗发兵攻金后，在元朝施行"若女直、契丹生西北不通汉语者，同蒙古人"的政策下，有相当一部分女真人（约40万人）加入了蒙古族，跟随蒙古大军西征南下，攻城略地，分散到南方各省（图1-15）。留住东北地区的约200万女真人，其先进部落多数居住在辽阳、沈阳等辖区内，另一原始部落分布于松花江流

图1-14 蒙古人玩双陆图（《事林广记》续集卷六）

图1-15 《元世祖出猎图》局部（台北故宫博物院藏）

域和黑龙江中下游。居住在辽河、鸭绿江流域的有100余万人，在1216年蒲鲜万奴叛蒙古东迁女真故地时，其中数十万人跟随，除战乱中少数死亡外，后也大多成了开元路、合兰府水达达等路下的女真人。辽河一带剩下的数十万女真人，在元代还以女真名称活动。总之，元代有100万左右女真人仍保持旧俗（图1-16）。到了明代，女真人被中原人分别称为建州女真、海西女真和东海女真（明代亦称野人女真）。

图1-16 《大威德金刚曼陀罗》缂丝元文宗与元明宗像（美国大都会艺术博物馆藏）

元朝对女真采取"设官牧民，随俗而治"的办法，进行残酷的剥削和压迫，并向女真人征收沉重的赋税。据《元史·地理志》记载，一般征收实物，如貂皮、皮革、海东青等土特产品。元朝政府为了守卫边防、开发女真地区，加强和内地的联系，积极开辟驿站。据统计，辽阳行省的驿站有一百二十多处，为鼓励女真人开荒屯田，政府还发放"牛畜、田器"，从而促进了女真地区社会经济的发展。东北地区的文化设施，以行省南部较为完善。这里有掌管儒学、蒙古字学、阴阳学、医学的各种专门官员及相应机构（图1-17）。在元代东北地区的文化中，宗教占有重要的地位，在辽河和潢河以南地区，辽金时代的宫观寺庙数量很多。另外，分布在黑龙江下游等东北地区的诸部族，直到近代仍流行萨满教；基里亚克人、鄂伦春族人等还保持着"合屯公为大祭则射马、熊"的习俗。元朝"四等人制"中，女真人与汉人、契丹人同属第三等级，统称"汉人"，他们与汉人通婚，习汉字，操汉语，逐渐与汉人融合。

图1-17　蒙古族服饰

（八）明代女真人

明代女真人深受汉族文化和先进生产方式的影响，逐渐学会了发展农业的新技术，从而使本部族的粮食自给有余。在农业发展的过程中，女真人所需要的生产工具和日用品，因手工业技术所限，只好用传统的渔猎畜牧产品向外区交换。随着生产和生活的扩大，交换品种和项目也跟着扩大起来，女真人商品经济逐渐发展形成。

明朝为夺取对东北的统治权，与蒙古残余势力激烈战斗。14世纪中期正向封建社会门槛儿迈进的黑龙江、松花江下游的女真人，各种矛盾激化，由于受到外族侵扰，不少生活在北部的女真部落进行第一次大规模迁徙，造成黑龙江女真人的重新分布：留居黑龙江中下游的女真人，迁到汤旺河、松花江下游的赫哲人，迁到绥芬河、图们江及朝鲜东北部的建州女真人和奚滩氏等女真人。明正统年间，一部分女真部落已迁至吉林省和辽宁省北部及东部一带定居。南迁到松花江下游的胡里改部、斡朵里部女真人，向东南方迁移，以后被称为建州女真（表1-2）。

表1-2 中国女真世系演化

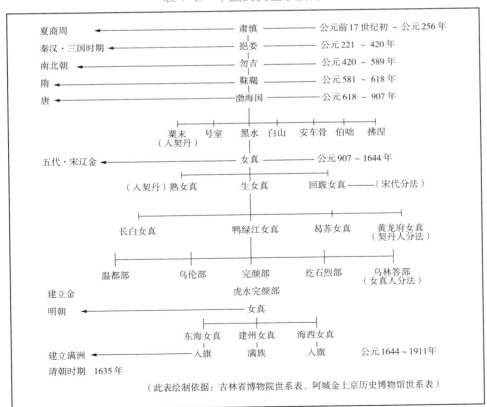

（此表绘制依据：吉林省博物院世系表、阿城金上京历史博物馆世系表）

在满族形成的历史过程中，如果忽略海西女真、野人女真（即东海女真）的地位与作用，就会产生片面之感，便不能把满族的整体勾画出来。历史告诉我们，是他们与建州女真一起，把满族这个新的民族共同体推上了中国历史舞台。当时，海西女真和建州女真的奴隶占有制正向纵深迅速发展，并向野人女真扩展，巩固并扩大了女真人的奴隶占有制，加强了各部之间的经济文化联系，创造了构成新的民族共同体的客观条件。

① 建州女真

建州女真是满族的主体部分，主要是由胡里改部和斡朵里部的后裔组成。他们居住在自唐代渤海国至元朝的建州之地，故称建州女真。其活动范围是在东北地方的东南部，即绥芬河以南、辉发河以东，以及抚顺以东的地区。14世纪中期建州女真的故乡原住地是在松花江下游以及松花江与黑龙江汇合处一带。图们江、长白山是火儿阿部与斡朵里部迁移过程里的中间站，苏子河流域是建州女真人迁移的终点。

② 海西女真

海西女真主要是指在开原以北至今哈尔滨以南地区的女真人，又称熟女真。在明朝官方文书中，包括开原以北远至黑龙江中下游的女真人，都称为海西女真人。海西地区原来只是指松花江中下游以西地区，即汤旺河、呼兰河流域。14世纪中期，由于原来居住在黑龙江流域的赫哲人南下，海西女真进行了第一次迁移。其中居住在依兰附近地方，以阿哈出为首的胡里改部、以猛哥帖木儿为首的斡朵里部女真人等，向东南迁移到绥芬河和图们江流域。海西女真南迁后，分布于明代开原边外辉发河流域，北至松花江大拐弯处。定居在开原以北，东至吉林省辉发河流域和松花江中上游一带。

③ 东海女真

东海女真迁移不大或没迁移，留居于黑龙江一带，后来成为赫哲族、达斡尔族、鄂温克族、鄂伦春族等。散居于建州、海西以东和以北的黑龙江广大地区，大体上从松花江中游以下，迄于黑龙江和乌苏里江流域，东达海岸。

三部分女真人中，建州女真、海西女真生产力发展水平较高，除传统的渔猎采集经济外，还比较普遍地出现了定居的农耕经济；东海女真则仍然处于比较原始的社会形态（表1-3）。

表1-3 女真历史活动区域与生存方式

朝代	民族	部落	活动区域	生存方式
舜禹	肃慎人		黑龙江的松花江流域，东临大海	以游猎为生，善造弓箭
汉	挹娄人		东临大海，南接北沃沮，不知其北所及	五谷麻布，赤玉好貂。好养，衣其皮，善"捕鱼"，夏则裸袒，尺布蔽其前后
南北朝	勿吉人		高句丽北	森林民族，善捕貂，以捕猎为主，多猎善射
北齐隋唐	靺鞨人	七个部落，黑水靺鞨建渤海国，被契丹灭后改名为女真	爱辉以北，依兰以南，东临大海，北至松花江下游，南至朝鲜半岛北部，东南达辽宁东部，西南达辽宁西部	以渔猎为主
辽	女真人	熟女真	松花江以南，渤海国南部，辽阳以南	以渔猎为主，少有农耕
辽	女真人	生女真	松花江以北，黑龙江中下游，东临大海，渤海遗民	以渔猎为主，少有农耕
清	满洲	统一女真各部落	东北各省	逐渐汉化，农耕，局部保持渔猎方式
清	满族	部分女真部落用赫哲族、鄂伦春族、鄂温克族、达斡尔族等族名	全国各地	逐渐汉化，农耕，局部保持渔猎方式

朝代	民族	部落	活动区域	生存方式
金	女真人	诸部落	阿城南，松花江流域，黑龙江中下游，东临大海	以渔猎为主，农业不发达，开始接纳汉文化
金	女真人	诸部落	中原及华北	汉化，奴隶制
元	女真人	中原女真	淮河以北的北方各省，约200万人	以渔猎为主，农业不发达，开始接纳汉文化
元	女真人	蒙古女真	内蒙古一带，约40万人	蒙古化畜牧
元	女真人	东北女真	辽河、鸭绿江，约200万人	渔猎农耕
明	女真人	建州女真	辽宁东，南鸭绿江，东长白山，南山海关，故乡是黑龙江中下游	汉化农耕
明	女真人	海西女真	辽宁开原以北，吉林东南	蒙古化畜牧
明	女真人	东海女真	吉林北，黑龙江以南，东临大海	渔猎农耕

第二节　民族迁徙与文化交融

1115年，完颜阿骨打统一女真诸部后起兵反辽，立国，国号金。1127年，靖康之变后金灭北宋。金用13年实现了建国、灭辽、灭宋三件大事，崛起速度让人惊异！女真人的统一，出现了这样一种结果，即由过去分散状态变成了联系密切的整体，过去争王称长、相互残杀所产生的矛盾和仇恨，也由于统一而渐渐被淡忘，思想文化的交流也随着往来的频繁而逐渐一致，民族心理和民族意识由于政治、军事、文化的发展而逐渐强烈，这一切使女真内部的凝聚力在不断增长，也促进了女真人向更加成熟的方向发展。

在满洲形成过程中，建州女真是其核心，海西女真和被编入八旗者为其主体，使元代以后长期处于分散状态的女真人重新聚合成强大的民族势力。公元1583年，出身于建州女真部爱新觉罗家族的努尔哈赤从为报家仇率部起兵开始，逐步发展为统一女真各部的宏图大业。经过三十多年的努力，把建州、海西女真的全部及东海女真的一部分统一在自己麾下，并于1616年以今辽宁新宾的赫图阿拉城（史称兴京）为首都，建立女真族的地方政权"大金国"（史称"后金"）。

随着努尔哈赤建立的后金政权不断南扩，大量的女真人也随之前往经济、文化更为先进的南部地区。1603年，努尔哈赤开始在赫图阿拉营造自己的都城，建立自己的根据地与明朝对峙。大量的八旗子弟迁到抚顺及其周边地区。1621年，努尔哈赤攻下沈阳以后，迁都到交通、经济更为发达的沈阳。大量的女真人随迁到辽宁中部地区，接收到更多的汉族文化。

经过数十年的变化，由于后金国女真社会中的阶级和等级分化已经十分明显，"诸申"（女真另一译写形式）变成只适用于女真族中无封爵、无官职的平民的称呼，很难代表民族的整体。从日后进驻中原的战略大局考虑，"女真"这个族名，很容易使关内的汉族人联想起金代的同一民族，从而引发不必要的敌对情绪。因此，皇太极于天聪九年（1635年）农历十月十三日正式下诏，改"诸申"为"满洲"，从此满洲代替女真为族名，其他女真各部亦各以赫哲（赫真）、鄂伦春、鄂温克等族名通行，女真一名在清代逐渐消失（图1-18）。

当时的"满洲"与现代的"满族"并不是完全等同的概念，因为它并不包括汉军和蒙古八旗在内。从狭义上讲，甚至不包括满洲八旗中的汉族和蒙古族，只是八旗中女真族人的新称呼。此后这一民族共同体又经过了三百多年的不断发展，才成为今天的满族。

图1-18 慈安太后（北京故宫博物院藏）

一、大清

大清，蒙古语"daicing"，意"至上之国"。皇太极于天聪十年（1636年）改国名为清，为中国历史上最后一个封建王朝。从人口分布看，清初满族人多数集中在北京，后逐渐回迁满洲一部分。回迁的满族人基本分散居住和驻防，各聚居区人口较少，盛京（今沈阳）、兴京和齐齐哈尔等地相对较多，未形成人口达数万的社区；满族人在各重要地区居住驻防，其中西安、杭州等地的人口较多，总数数千人至过万人（包括家属）；京师城内满洲八旗人口较多，清中期后基本处于和外族杂居的状态；清代满族人居住地域最大、人口数最集中的当属京郊外三营（表1-4）。

表1-4 中国清朝满族统治世系

名号	生卒年	年号	元年
太祖（爱新觉罗·努尔哈赤）	1559—1626	天命	1616
太宗（爱新觉罗·皇太极）	1592—1643	天聪、崇德	1627
世祖（爱新觉罗·福临）	1638—1661	顺治	1644
圣祖（爱新觉罗·玄烨）	1654—1722	康熙	1662
世宗（爱新觉罗·胤禛）	1678—1735	雍正	1723
高宗（爱新觉罗·弘历）	1711—1799	乾隆	1736
仁宗（爱新觉罗·颙琰）	1760—1820	嘉庆	1796
宣宗（爱新觉罗·旻宁）	1782—1850	道光	1821
文宗（爱新觉罗·奕詝）	1831—1861	咸丰	1851
穆宗（爱新觉罗·载淳）	1856—1875	同治	1862
德宗（爱新觉罗·载湉）	1871—1908	光绪	1875
爱新觉罗·溥仪	1906—1967	宣统	1909（1911退位）

二、满族的八旗

满族形成后不久就建立了大清王朝，大批满族人随着入关。由于政治统治的需要，满族人分布范围扩大到北京和全国其他许多大中城市，后因受社会环境的影响，普遍改用汉语；同时又由于大量汉人移居关外，使留在东北地区的满族也逐渐改用汉语。满族分为四部分，一为留守群体（即满洲驻防及生活的满族人），二为京师满洲八旗（即居住在京城内的满族人），三为京郊外三营（满语和骑射俱佳者方能入选），四为各地驻防满洲八旗。与京师满洲八旗不同的是，由于京郊外三营设立时间较早，组成人员皆为满洲和蒙古旗人（以满族为主），建立集中居住地，在营内使用母语，不和外族通婚（包括汉军），成员非披甲即养育兵（预备役），终日读清书兼操练，所以被汉化时间最晚，速度也最慢。

清朝迁都北京后，满、蒙、汉八旗大部分"从龙入关"，在平定各地的反抗势力后，分别驻扎在北京和国内各大主要城市的战略要地。其人口分布虽比入关前分散，但无论在京师、东北地区，还是关内各驻防城市，仍然是以八旗组织为单位聚居，在行政、军事、经济、司法等各方面，都独立于地方建制之外，使"旗人"成为与八旗之外的汉族及其他少数民族具有明显区别的特殊社会集体（图1-19）。各地八旗的最高长官"都统"和驻防将军，直接听命于皇帝。在这种新的社会环境中，八旗中的蒙古族、汉族人在政治经济地位、风俗习惯等方面与满洲八旗日趋接近，而与本民族的非八旗人口则产生明显区别。蒙古族人、汉族人经过长期的历史过程，也逐渐融入满族共同体之中。所以，当代的满族不仅包括清代八旗人的后裔，也包括大量自愿加入满族共同体的汉军、蒙古八旗人后裔（图1-20～图1-22）。

图1-19 满族服饰

图1-20　1872年穿对襟褂子的旗人女子　　　图1-21　满族女性旗装（1906年）　　　图1-22　海边的满族妇女（1911年）

三、满族的文化特征

　　满族文化是在多民族文化融合基础上形成的（图1-23），其中女真文化是其发展的主体和基础，而吸收最多的是汉文化，其次是蒙古文化。在满族众多的文化中，语言、骑射、服饰、风俗、萨满教这五个方面成为满族最为直观、最为重要的特征文化。1599年清太祖努尔哈赤命额尔德尼和噶盖二人参照蒙古文字母创制拼音满文，称为无圈点满文（tongki fuka akv hergen），俗称老满文，与蒙古文字数目和形体大致相同，使用了30余年。1632年清太宗皇太极令达海（1594~1632年）对这种文字加以改进。乾隆十三年（1748年）参照汉文篆书创制了满文篆字。辛亥革命后，满文基本不再使用。在清代，满文作为"国书"在文牍中与汉文并用，至今保留最早的文献有《满文原档》等。满文的出现不仅在政治、外交等方面起到了重要的作用，对满族文化的保持与发扬也起到了重要作用。它在满族社会生活中的推行使用，加强了内部的联系。它的出现，使满族的自我意识得到进一步加强。

　　骑射是满族人民的又一文化特征。满族人以擅长骑射著称于世，这与他们的生存环境和生活方式有着密切的联系，同时也有着军事上的意义。自清太宗皇太极说过"我国家以骑射为业"之后，清代历朝皇帝无不大力倡导，更使骑射蔚然成风，在满族人中代代延续下来。对一个民族来说，服饰被认为是一种重要的文

图1-23 潍坊年画《慈禧太后下长安》局部（光绪年间）

化特征，满族也是如此。满族在形成过程中，一开始就继承了女真人的服饰文化，与女真人的服饰大体相同。除了服装外，发式也是他们坚持原有传统的一个重要方面。满族人不仅自己内部剃发垂辫，而且八旗蒙古军、汉军，乃至所有被降服的男性，都要如此。这种特殊的发式和服饰直至清终之时也未改变。居住习俗、饮食习俗、婚嫁习俗、祭祖习俗等都基本延续女真人的习俗。在宗教信仰方面，满族人也没有放弃原来的萨满教，他们信奉"信神则在，不信不怪"。萨满教是普遍存在于女真人中的一种比较原始的神灵信仰，每个部族都有自己的专职萨满，尽管他们祭祀的神祇不尽相同，祭祀的过程仪式也各有特点。但是在祭天祭神、祈福平安繁盛这个方面却是一致的。

满族入关以后，将他们自己置于各民族文化的汪洋大海之中，面对这种环境，他们自然地吸收各民族文化是理所当然的事情。满族文化得到迅猛发展，不仅内涵更加丰富，其文化层次也达到很高的水平。在这众多的影响因素之中，满族文化的发展主要受到了两种文化的限制，其一是满族自身的传统文化，其二是汉族文化，这两种文化的制约决定了满族文化的基本发展方向和内容（表1-5）。从徐扬始绘于1764年、终于1776年的《乾隆南巡图》中的服饰可见，男女服饰朴素，少有装饰，男人不见套裤（图1-24）。

图1-24　1764～1771年跪迎皇帝与太后的命妇《乾隆南巡图》之《驻跸姑苏》局部（徐扬绘）

表1-5　满族清宫后妃演变系图例

皇帝	皇后、贵妃	皇后在位时间／年	皇后、贵妃家庭	籍贯
太祖 努尔哈赤	孝慈高皇后		叶赫那拉氏，叶赫部贝勒杨吉努之女	
	孝烈武皇后（大妃）		乌拉那拉氏，乌拉部贝勒满泰之女	
	元妃		佟佳氏	
	继妃		富察氏	
	寿康妃		博尔济吉特氏，科尔沁郡王孔果尔之女	
	16位妻子分别来自不同的部落			
太宗 皇太极	孝端文皇后	1636～1643	博尔济吉特氏，科尔沁贝勒莽古思之女	漠南蒙古科尔沁
	孝庄文皇后	追封	科尔沁贝勒寨桑之女，孝端文皇后之侄女	漠南蒙古科尔沁
	敏惠恭和元妃	追封	科尔沁贝勒寨桑之女，孝庄文皇后之姊	
	康惠淑妃		博尔济吉特氏，蒙古阿霸垓塔布囊博第塞楚祜尔之女	
	元妃		钮祜禄氏，原配，弘毅公额亦都之女	满洲镶黄旗
	继妃		乌拉那拉氏，乌拉部贝勒博克多之女	
	后妃大多来自蒙古族			

续表

皇帝	皇后、贵妃	皇后在位时间/年	皇后、贵妃家庭	籍贯
世祖 顺治帝	废后博尔济吉特氏	1651~1653	科尔沁卓礼克图亲王吴克善之女，孝庄文皇后之侄女	漠南蒙古科尔沁
	孝惠章皇后	1654~1661	科尔沁镇国公绰尔济之女，孝庄文皇后之侄孙女	漠南蒙古科尔沁
	孝献端敬皇后	追封	董鄂氏，内大臣鄂硕之女	满洲正白旗
	孝康章皇后	追封	佟佳氏，少保、固山额真佟图赖之女	满洲镶黄旗
	贞妃		董鄂氏，轻车都尉一等阿达哈哈番巴度之女，孝献端敬皇后之族妹	
	淑惠妃		博尔济吉特氏，孝惠章皇后之妹	
	尝选汉官女备六宫			
圣祖 康熙帝	孝诚仁皇后	1665~1674	赫舍里氏，辅政大臣索尼之孙女，内大臣噶布喇之女	满洲正黄旗
	孝昭仁皇后	1677~1678	钮祜禄氏，辅政大臣一等公遏必隆之女	满洲镶黄旗
	孝懿仁皇后	1天	佟佳氏，祖父佟国赖，父佟国维，姑孝康章皇后	满洲镶黄旗
	孝恭仁皇后	追封	乌雅氏，护军参领威武之女	满洲正黄旗
	四位皇后中有三位为满洲异姓贵族之女，一位为汉军旗人之女			
世宗 雍正帝	孝敬宪皇后	1722~1731	乌拉那拉氏，内大臣费扬古之女	满洲正黄旗
	孝圣宪皇后	追封	钮祜禄氏，四品典仪凌柱之女	满洲镶黄旗
	敦肃皇贵妃		年氏，湖广巡抚年遐龄之女	汉军镶黄旗
高宗 乾隆帝	孝贤纯皇后	1736~1748	富察氏，察哈尔总管李荣保之女	满洲镶黄旗
	乌拉那拉氏（继皇后）	1751~1766	佐领讷尔布之女	满洲正黄旗
	孝仪纯皇后	追封	魏佳氏，内管领魏清泰之女	满洲镶黄旗
	慧贤皇贵妃		高佳氏，大学士高斌之女	满洲镶黄旗
仁宗 嘉庆帝	孝淑睿皇后	1796~1797	喜塔腊氏，内务府总管和尔经额之女	满洲正白旗
	孝和睿皇后	1801~1820	钮祜禄氏，礼部尚书恭阿拉之女	满洲镶黄旗
	恭顺皇贵妃		钮祜禄氏	
	和裕皇贵妃		刘佳氏	

皇帝	皇后、贵妃	皇后在位时间/年	皇后、贵妃家庭	籍贯
宣宗 道光帝	孝穆成皇后	追封	钮祜禄氏，户部尚书布彦达赉之女	满洲镶黄旗
	孝慎成皇后	1822～1833	佟佳氏，三等承恩公舒明阿之女	满洲镶黄旗
	孝全成皇后	1834～1840	钮祜禄氏，颐龄之女	满洲镶黄旗
	孝静成皇后	追封	博尔济吉特氏，刑部员外郎花良阿之女	满洲正黄旗
	庄顺皇贵妃		乌雅氏	
	彤贵妃		舒穆噜氏	
文宗 咸丰帝	孝德显皇后	追封	萨克达氏，太常寺少卿富泰之女	满洲镶黄旗
	孝贞显皇后	1852～1861	钮祜禄氏，广西右江道穆扬阿之女	满洲镶黄旗
	孝钦显皇后（慈禧）	追封	叶赫那拉氏，安徽徽宁池广太道员惠征之女	满洲镶黄旗
穆宗 同治帝	孝哲毅皇后	1872～1875	阿鲁特氏，户部尚书崇绮之女	蒙古正蓝旗
	淑慎皇贵妃		富察氏，员外郎风秀之女	满洲镶黄旗
	庄和皇贵妃		阿鲁特氏，大学士赛尚阿之女	蒙古正蓝旗
	敬懿皇贵妃		赫舍里氏，广东雷州府知府崇龄之女	满洲正蓝旗
德宗 光绪帝	孝定景皇后	1889～1908	叶赫那拉氏，都统桂祥之女，慈禧之侄女	满洲镶黄旗
	端康皇贵妃（瑾妃）		他他拉氏，户部右侍郎长叙之女	满洲镶红旗
	恪顺皇贵妃（珍妃）		他他拉氏，端康皇贵妃之妹	满洲镶红旗
宣统帝	郭布罗·婉容	1922～1924	内务府大臣荣源之女，母四格格	满洲正白旗
	淑妃（文绣）		额尔德特氏	满洲镶黄旗

注　此表参考李擘《正说清朝29皇后》，杜家骥《清朝满蒙联姻研究》《清代后妃》。

第三节　生存环境对满族服饰的影响

人类居住地直接影响所穿着的服装形式。服装是人类的外化皮肤，对人类首先起到保护作用。生活在热带地区的人们自然可以少衣薄衣，肌肤可以直接赤裸在阳光下；也可以选择服装包裹身体，以避免阳光的照射。生活在北部寒冷地区的满族先祖，自然首先会从当地出产的物品出发，选择可以用来防寒保暖的服饰及可以满足劳动需求的服饰。

生活在东北的满族不同于南方的少数民族，无法那样完整地、固执地保持着自己本民族的一切风俗习惯。西南地区受高山深涧的阻隔，十里八村就是一个民族民俗，一种方言，一种习俗，一种服饰特点，单苗族就有众多的支系。生活在东北平原上的满族性格开朗、豪爽，不拘泥于自己的思想，宽容待人。在相对便利的交通条件下，虽然地广人稀但仍能够实现民族交流，相互影响。沟通与交流，使彼此间互相学习，各个少数民族较早地接纳了现代文明。社会文明的进步和外域民族文化影响到整个东北地区。交错杂居的满族、鄂温克族、达斡尔族、鄂伦春族、蒙古族、朝鲜族等也接受了汉族文化的影响，促使满族与东北各民族风俗趋于基本相同，民族间的差异越来越小，各个少数民族彼此间的宗教信仰也有所一致。共同的生活环境使服饰风格具有很多相似之处，这使满族民族特色的保留与发展比南方更为艰难。时至今日，大家熟悉的满族服饰已经基本被改造得面目全非，汉化的现象极为严重，即便是在满族自治区也看不到传统的满族服饰，戏剧化、表演性的服饰也只是节日中的一种点缀。在东北地区要想像云南那样感受传统的满族服饰确实是件极为困难的事情，因此对北方满族民族服饰的研究难度也相比南方增加几倍。这难度不只是云南地域上的偏远，更多的是来自满族传统习俗的消失和满族自我保护意识的薄弱。东北少数民族因为汉化而失去了本真，在与世界文化、时尚接轨的同时，汉族自身的习俗也在国际服饰时尚潮流中不断消失。

一、鱼皮服饰

满族是东北的少数民族之一，先祖由大东北出发，后代广布全国。在保持东北传统服饰习俗的同时，也跟随南迁的脚步，入乡随俗，服饰各显不同。在许多人的概念中，东北人都是五大三粗、人高马大的形象，粗犷有余，细致不足。其实不然，东北人的细腻一点都不比南方人弱，只是他们的表现形式不同。满族的秀美隐藏于笨拙、粗犷之下，绣花是藏在靴鞋里的绣花棉袜、藏在大棉袄里面的花肚兜，而从服饰外表上则无法了解满族的细腻。这深藏而丰富的美感，需要走近了、深交了才能够看得见。而外在的美感永远都像满族生活的地域一样，一马平川，简单朴实。一个"大"字，把所有"小"都包容起来，留给人们的总体印象只剩了一个"简"字，变成了缺少装饰的概念。

满族旧时与东北少数民族一样大都以布帛、丝麻制作夏季服装和内衣，采用毛裘皮革作为过冬的外衣（图1-25），不仅有牛皮、马皮、羊皮，还有鱼皮，许多风俗及宗教信仰都与他们的渔业生活有关。在满族服饰中，唯鱼皮衣是东北独有特色的民族服饰，也是满族先祖曾用过的服饰。中华人民共和国成立初期，在东北少数民族中，唯有生活在黑龙江下游的赫哲人尚存部分鱼皮服饰实物。生活在松花江中游和乌苏里江流域的赫哲族以狍子皮、鹿皮为服饰。随着社会的进步，以及老一辈人的故去，一些传统的生活方式和生活用品也在逐渐消失，赫哲族与满族一样先后接纳了新的生活方式和生活材料，不仅满族的鱼皮服饰早已成为史诗与说部中的故事，赫哲族年轻人的服饰也已经完全接纳现代模式，鱼皮服饰已成为急需保护的民族服饰，后人仅能在博物馆里一见。清代乾隆时期傅恒、董诰等在《皇清职贡图》（图1-26）中绘制了当时的东北少数民族的生活习俗。

图1-25 《读书行乐图》局部（首都博物馆藏）

图1-26 赫哲人《皇清职贡图》（谢遂绘，台北故宫博物院藏）

在俄罗斯的布拉戈维申斯克市的博物馆里展示着那乃（赫哲族）服饰。鱼皮具有耐磨、不透水、保温、轻便及不挂霜、抗湿防滑等特性。在沿江地区，靠打鱼为生的人选用厚而大的鱼皮，熟制后再将鱼皮缝合起来，制成鱼皮鞋和鱼皮衣、套裤、腿绷、围裙、手套、口袋、腰带、靰鞡、被褥等生活必需品。利用胖头鱼、大马哈鱼等鱼脊背上的深浅花纹，将上衣皮料剪接拼成对称的款式，或用深色的脊背鱼皮料，剪出粗壮的曲线式回纹，补缝到衣摆或胸前，并用皮条系上开口，也会用鱼骨做成扣子。

二、草靰鞡

草鞋，由于生活环境不同，因地域差异呈现出南北不同制式（图1-27）。对于草鞋，南、北方人都情有独钟，生活用品中也不能少了它的存在。东北自古就有"三宝"，即"人参、鹿茸、靰鞡草"。靰鞡草生长在东北各地，以长白山靰鞡草的品质为最好。其为三棱形，纤细、坚硬，叶片线形，边缘外卷，紧密丛生，颜色灰绿，纤维坚韧。将捶软的靰鞡草垫在靰鞡鞋里既保暖又舒适。笔者小时候曾学着村里的孩子，在大头棉鞋里垫上一些很细很细的草，暖暖的、软软的很是舒服，印象深刻。草靰鞡是满族与东北人用生长在河里的蒲草编成的，蒲草叶子宽大厚实，是专门用于秋冬季节穿着的鞋。草靰鞡与南方草鞋不同，不露脚趾。草鞋的编法和北方柳条筐的编法相类似，里里外外都透着粗犷的风格，厚厚实实。刚好在脚面上的椭圆形鞋口没有弹性，也没有鞋勒，便于穿脱。冬天在室外穿的草鞋还需要里外吊缝上布或是皮革，在鞋里絮上靰鞡草，既轻便又保暖。过去在秋冬季，在东北的大小城镇里仍会看到挑着担子沿街叫卖草靰鞡的小贩。

图1-27 草靰鞡与靰鞡草（中央民族大学藏）

三、满族与蒙古族服饰的差异

满族的袍服与蒙古族的袍服制式相近，有很多共通之处。相比较可以发现，满族的袍服与蒙古族的袍服并非仅仅是款式上肥与瘦的区别，而是源于生活方式的差异。满族的袍服比蒙古族的袍服更加收身，并且会有方便骑上越下的开衩或缺襟；而蒙古族的袍服则要宽大到足够遮挡骑在马上的双腿。产生区别的原因是蒙古族不会因为冬季的寒冷而停止放牧，皮棉袍服必须要能够抵御冬季的严寒。而满族四开衩的袍服则不需要满足抵御严寒的需求。夏季的捕获，已为冬季的"猫冬"做好了储备，依靠夏天存储的食物可以安然度过漫长的冬季。除了"猫冬"以外，冬季进山狩猎都会选择套裤类的裤装（图1-28）。

满族与蒙古族对袍服的衣扣、包边镶嵌等也因服饰材料的不同而呈现差异。因蒙古族袍服多以厚重的皮革或是毡类制作，故扣系的衣纽需要更多一些，包边镶嵌的绳条也相应多一些，这样可以辅助钉缝的盘扣，避免撕裂面料。而满族服饰面料则相对轻薄许多，自然会减少盘扣的数量。当这种服饰必备品被延续下来之后，即使满族与蒙古族都以轻薄的丝绸面料制作服饰，但依旧会延续本民族的装饰习俗，形成自己的服饰风格（图1-29）。

图1-28　满族男性冬季袍服与裤装

图1-29　驯鹰人（局部）

　　满族先祖居住地以渔猎为生，动物皮革为主要的服饰类型。在后金建都迁徙
到辽宁赫图阿拉之前，世居山地丘陵，靠山近水，是以渔猎为主的民族，四季都
可以进行渔猎活动。北方夏季的雨水不如南方充沛，不会过于潮湿，所以满族人
夏季既可以选择赤膊，也可以选择薄料遮挡，服装形制非常简单，冬季服装材料
是以动物皮革为主。鱼皮制品是先祖们最早使用的服饰材料，不仅能制成直接穿
着在身的衣服，也能制成许多生活用品，如鱼皮被褥等。在满族流传的史诗神话
中存留着许多鱼皮制品的服饰材料。选择鱼皮面料制作服饰，也是满族先祖服饰
的一大特色。后因满族迁移，居住环境变为以农耕为主，渔猎方式不再作为主要
的生产模式，鱼皮面料也逐渐退出了服饰舞台，但小皮张的服饰却依然被保存下
来，成为冬季特有的服饰材料。后来，棉麻材料逐渐接替鱼、兽皮材料成为服饰
面料的主体（图1-30）。

图1-30　满族民间袍服

满族先前居住在黑龙江流域的寒冷地区，春秋过渡季节都非常短暂，无须备用特定为适应春秋季节的服装。自从离开黑龙江流域向南迁徙之后，满族从进入吉林开始就逐渐接受了农耕生活，棉麻服饰也更适合春秋季节，种棉剥麻开始成为满族获得服饰主体面料的方式，长白山下的萨满女神中也出现有教做棉麻的棉花嬷嬷。南迁以后的服饰与早期的服饰造型相比，服饰体量开始削减，逐渐裹身，同时也因四季气候的变化而增加许多种类。随着春秋季节的延长，许多适用于春秋季节的衣服开始大量出现在生活中。如从春秋换季开始，依据气温变化，可以逐渐增加保暖的衣服，因此出现了仅以两层面料缝制的单夹衣，中间絮有一层薄薄棉花的二棉衣，中间有两指厚棉花的大棉袄，再遇寒冷还可以穿着带毛的皮革长袍（图1-31）。

图1-31 《生福发财》局部（民国年画）

四、入乡随俗

满族入关进京后服饰类型大变样。入关初期，由于连年征战，满族还是处于动荡状态，依旧延续关内的服饰习俗，男装有了更多适合征战的马褂与缺襟长袍。随着政治统治的稳定，生活居地的安稳，服饰开始出现更高的需求。首先南方丝绸面料的大量运用，使夏季服饰种类出现大幅度的变化。原本为适应北方地理气候的窄长袖，逐渐为适应北京炎热的夏季而变宽肥，女装出现了不同制式的氅衣和衬衣、大挽袖。到了清朝末年，因受西方服饰文化的影响，满族服饰种类达到鼎盛时期，从东洋面料到西洋造型，在京城与沪宁港口各地，随处可见中西合璧的满族服饰（图1-32）。

图1-32　1895年12月满族官员与袁世凯（天津博物馆藏）

满族散居各地，服饰类型很难以一概全，入乡随俗成为满族服饰类型不确定性的另一特点。为了戍边或屯兵治乱，满族整个族群会以满族聚居地的方式遍布全国，散居东西南北各地。伴随长居生活地域的改变，满族开始与居住地的生活习俗产生高度契合，因满族散居过于广泛，而无法像西南少数民族那样以区域划分一个民族的几个区域间的变化与特征。进入南方的满族，其服饰样式也在保存原有服饰的特点上，进行了地域性的适应性改变。例如，在湘西怀化通道地区就存有"满襟衣"，为了适应当地早晚寒冷、中午炎热的天气，满族式的紧收长袖被从肘部断开以纽扣连接，中午气温升高时可以脱解成半袖。跨海到我国台湾岛生活的满族，从女真人的粘氏开始，也为适应台湾气候对本民族的服饰做了适时改变。冬季不再需要长毛裘皮服饰保暖，夏季也不会让长袖裹臂。

因此，满族服饰类型始终伴随民族迁徙的脚步而改变，成为我国少数民族服饰中唯一一个居住地广泛、服装类型宽泛、影响力强大的少数民族服饰（图1-33）。

图1-33 《乾隆南巡图》局部（1764～1776年的满族服饰）

第二章
社会制度对满族服饰的影响

第一节　八旗制度对服饰的影响

　　八旗制度，是满族在开始本民族统治时所设置的专有的等级制度。为了配合这个制度，满族人以不同的服饰色彩形式作为各旗的标志。八旗制度建立之时，满族尚没有统一全国，仅仅是以族群部落为基础建立帝国。《满洲实录》中所绘身为大汗的努尔哈赤所穿的服装与众臣服饰有别，士兵与平民服饰有别（图2-1）。在这个独立的统治帝国中，最高统治者为了方便民族的管理，对本族不同的部落进行了分类划割，所有服饰在使用之初的含义也仅仅是区分的符号。后来，随着八旗建制的逐渐完善，八旗中的位置差异也逐渐显现出来。正黄旗、正红旗的血统性成为族人身份的标志，一条黄腰带、一条红腰带成为一个族群不可跨越的阶层标识。

图2-1　戎装（源自《满洲实录》）

一、八旗与八旗服饰

　　八旗制度的发展与变化，也促使服装相应变化。满族自从建州女真在赫图阿拉建立后金，即开始了旗人制度，初设四旗，后发展成八旗。在这个过程中，"黑旗"曾有过15年短暂存在的历史，这是一个仅有文献记载，没有实物遗存的旗人等级。据记载，1601年清太祖努尔哈赤凭借父亲遗留的13副铠甲起兵，先将附近的满族部落建成一支黑旗部队，后将邻近的满族部落组建成黄旗部队，以满族哈达部为主组建白旗。1615年，黑旗一分为三：正红旗、镶红旗、镶蓝旗；黄旗一分为二：正黄旗、镶黄旗；白旗一分为三：正白旗、正蓝旗、镶白旗。正式建立了八旗，服饰的变化主要体现在军戎服装制度上（图2-2）。在正黄旗、正红旗、正白旗、正蓝旗的统一色彩下，以镶不同色的边，构成镶黄旗、镶红旗、镶白旗、镶蓝旗（图2-3）。黑旗因不便在夜间识别而被放弃。随着黑旗的消失，黑旗服饰也无从查实。

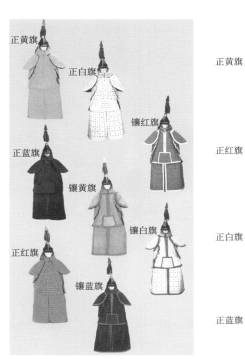

正黄旗
正白旗
镶红旗
正蓝旗
镶黄旗
镶白旗
正红旗
镶蓝旗

图2-2 八旗戎装图（实物绘制）

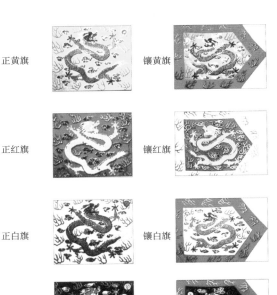

正黄旗 镶黄旗
正红旗 镶红旗
正白旗 镶白旗
正蓝旗 镶蓝旗

图2-3 八旗色彩图（实物绘制）

图2-4 乾隆（北京故宫博物院藏）

　　八旗制度使满族的民族优越感一直存续到今天。八旗服饰制度原本主要应用在军队建制中，后因士兵出身均在各旗，普通百姓中也有了一些可以表明族群等级的服饰品的专属用色，借以显示本族群的社会地位。人们经常会听到许多正黄旗、正红旗的满族后人自豪地介绍自己祖先的所属旗色，而其他旗的后人则很少有主动介绍所在旗色。八旗所形成的民族等级也确实使服装形成了差异。贵族阶层的服饰要求最大化的奢华，即便是没落了，也会努力通过服饰色彩来维护自己所在旗的地位（图2-4）。

八旗制度使满族与其他民族有了地位差异，确定了满族民族血统的纯正传承，打造出流传至今的经典服饰。旗人所有服饰都具有专属权，成为人群划分的标志符号。旗人作为统治者，拥有服饰优越感。满族统治者对所有男性服饰都做了强制性改装，除少数民族外，汉族男性都统一穿满族男性服饰，无须区分满汉，仅以腰带色彩作为所在旗的标识（图2-5）。女性旗人服饰不再细化八旗特色，从头到脚都有了相应的专属旗人样式，以一个集体统一的样式出现，逐渐完善了八旗服饰制度下的女性服装。女性旗人所梳的发型被称为"旗头"，所穿袍服被称为"旗袍"，所穿鞋样被称为"旗鞋"，戏曲舞台上也出现了"旗装戏"专有剧目。女性旗人可以任性地吸纳各族服饰特色，不论古今中外，只要喜欢，就可以为己所用。在服饰中将前朝的云肩，演绎成旗人的特色服饰。将汉族对襟上衣演绎成马褂，将比甲演绎成各种马甲（背心）。旗人所穿的衣服，都被订上了统一的服饰标签，如同今天的服饰品牌一样，凡是旗人所特有的服饰都被外族人冠以特定的称谓，直接以"旗"字命名，或者冠以"马"字命名，如旗头、旗袍、旗鞋，马蹄鞋、马褂、马甲、马蹄袖等，以此来区别马上民族的旗人与其他民族。

旗人袍服，原本是男女通穿的服装样式（图2-6）。在满族入关进京以后，旗

图2-5　道光年间的杨玉春（台北故宫博物院藏）　　图2-6　男装的英嫔与春贵人

人的女性袍服与男性袍服逐渐分化、变异。男性袍服种类朝实用方向不断细化，更适于征战（图2-7）、仪式等各种场合。旗人的女性袍服则朝美化装饰的方向发展。经满族后人的不断改良，不断适应地域气候的变化，不断与时尚相结合，逐渐增加袍服种类与层次，从单一的袍服样式中分化出内外氅衣和衬衣，适宜四季变化的多种袍服样式，衣袖与衣身在宽松与收紧、长与短的空间中不断变化。氅衣与衬衣的结合是在贴近身体的衬衣袍服基础上，以氅衣为外化装饰手段，后逐步发展成今天的旗袍造型。

　　汉族女性因持可循明制的特权，坚守汉族上衣下裳的形制，不为旗人服饰形制所惑。直到清末，在西方服饰文化的影响下，汉族女性服饰开始吸纳旗人花绦给服装以装饰。民国初年以后，自清开始一直延续的旗人袍服最终华丽转身，不再为民族所限，不再限于满族旗人服用，成为走向世界T台的特色袍服。不论后人如何演绎旗袍的宽松与合体，如何改换"祺"字，终难改旗人女性袍服连体、平直、无褶的典型特征。

　　总而言之，没有八旗，就没有旗袍。

图2-7　1872年广州满族士兵

图2-8 八旗戎装（沈阳故宫博物院藏）

二、男性专用服饰

（一）戎装

戎装主要是军队穿用的服装，为本民族传统服饰形制。直到清朝末年，在军队建制已经吸纳了西方建制以后，清军中依然保留部分军种的服饰为民族服饰。他们依旧穿或戴箭袖、袍服、补子、马褂、红缨帽等。此外皇帝铠甲也是戎装的代表，许多金属制件连接成体，非常符合人体起伏变化。宫廷仪仗队也将铠甲仪式化，以八旗色彩为划分，以棉充絮其中（图2-8）。

（二）行服

行服袍为圆领、箭袖、右衽、紧身直身袍。为了方便出行，行服袍衣长比常服短十分之一。行服袍又称"缺襟袍"。君臣袍服皆为四开裾，以便于跨腿骑马及开步射猎（图2-9）。

图2-9 1900年醇亲王与穿缺襟袍的士兵

狩猎曾是满族先民赖以生存的基本生活方式，为适应骑射的需要，满族创造性地缝制出方便、实用、自成一款的服装，后世称为行服。因其重在实用，既没有繁缛的纹饰，颜色也非常朴素，真正体现出满族原始服饰的思想。清中期以前，皇帝出行活动很多，清晚期，逐渐远离"肆武绥藩"的治国策略，行服也逐渐淡出，有些则演变为日常服饰。行服与常服相似，包括行服袍、行服褂、行裳、行服冠等，专为出行穿用。

（三）巴图鲁坎肩

巴图鲁，满语，勇士，巴图鲁坎肩特指巴图鲁所穿的"一字襟"坎肩。通常是厚料，纳棉或缀皮。衣襟横开在胸前，上钉七纽，腋下各钉三纽，一共有十三粒纽，名为"十三太保"，紧身，也有马甲、坎肩、背心等名称。巴图鲁坎肩原来是士兵专属内衣，后来逐渐外穿，男女老少通穿（图2-10）。

（四）领衣

领衣，也称"牛舌头"，是清代后期在穿行服袍时加上的一种硬领，形似牛舌，为男性所用（图2-11）。领衣出现的时间较晚，同治、光绪年间以后才逐渐演化定形，专为士兵所用。它从颈下胸前一直垂到腰间，为对襟形式，用纽扣系之，束在腰间。领衣上绣有花纹，春秋季节用浅湖色缎，夏季用纱，冬季用绒或毛皮。这种服饰使肩部夸张地突出而腰部则显得窄，从而体现出宽肩细腰的体型。从目前各方收集到的图片资料来看，领衣实物非常少见。而在京剧服饰中却有很多原生态和变异领衣，主要用于表演中的军队戏装。中间开襟有纽，下半部分用布或绸缎腰带，扎束在腰间。因《大清会典》中没有记载，且流传实物甚少，人们对它的来历知之甚少。

图2-10 一字襟坎肩（实物绘制）

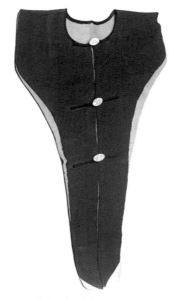

图2-11 领衣（私人收藏）

图2-12 雍正时期的鹿皮行裳（北京故宫博物院藏）

（五）行裳

行裳（满语称都什希）是满族重要的民族服饰之一，为行服中所独有的服饰。犹如围裙样式的护腿，左右两幅，中间开裾，下为窝角（即圆角边），内侧两端钉束腿带两条，束在腿上。蓝布围腰延长成带系在腰上而垂下（图2-12）。所用材料有布、皮、毡三种，多起耐磨、防雨、保暖的作用。行裳是一年四季出行的必备服饰。

行服袍、行服褂、行裳、行服冠、领衣等均是专为男性出行所穿用的服饰。行服中最具特色的当数"缺襟袍"，右裾从下向上在一尺处剪断，以襻纽相连，可分可合。因为在马甲、马褂上也出现了类似的门襟结构，故被称为"缺襟马甲""缺襟马褂"。

第二节　政治制度对服饰的影响

满族是曾经以本民族服饰一统天下服饰的少数民族。鉴于历史上凡改朝换代的开国皇帝都要"改服色，定服制"，公元1601年努尔哈赤建立八旗以后，根据满族固有的服饰习俗，以保持本民族特色为主，参照明代服制，按当时有限的物质条件，制定了标志等级的舆服制度，经历天命、天聪、崇德、顺治、康熙、雍正几个朝代的补充修订，到乾隆时已经十分完备。公元1772年，乾隆厘定清代服饰制度，将服饰绘制成图收录到《皇朝礼器图式》，并载入《大清会典》，成为清代服饰制度的典范，直到终清之世也没有重大改变。衣冠，自从摆脱了蔽体御寒的原始属性后，就已经成为一个民族最外在的文化表征，蕴纳着深邃而多元的文化内涵。中国作为伟大的文明古国，更赋予衣冠以明礼仪、辨尊卑的政治功能，并且在王朝更迭时必制定新的冠服制度以作为新政权的外在标志。

在"取其文，不必取其式"的指导思想下，清朝在纹饰上以及用法上沿袭传统典章制度，在形式上保留了便于行动、实用性强的满族民族特点和风格，两者合二为一。这是清代服饰制度建立的依据，决定了清代衣冠制度的发展方向，保持了满族衣冠于野战则克、攻城则取、立于不败之地的重要意义。清代服饰制度继承了明代的某些典章制度，沿袭了明代主要的服饰种类，如礼服、吉服、常服等，承袭了唐宋以来象征君臣身份等级的龙蟒、禽兽纹饰以及十二章纹，既具有满族特点，又具有传统文化内涵。清王朝一统天下后，借鉴吸收了传统服饰文化中色彩与纹饰等精髓，同时又融入本民族的骑射文化元素，形成特点鲜明的服饰制度。

清代舆服制度上至皇帝、百官臣僚，下至平民百姓，按照社会等级、身份地位、性别年龄、文武职务及着装时令、场合都有非常详细的规定，严禁违制。清王朝历代皇帝从维护本民族的实际利益出发，把骑射作为治国之本，坚持本民族服饰近300年之久。以帝、后、妃为主体的清代皇家服饰，包括礼服、吉服、常服、行服、便服等在不同场合穿着的各种服饰。礼服肃穆庄严；吉服喜庆热烈；行服方便实用；而便服缤纷竞妍，最为华美（图2-13、图2-14）。

图2-13 单朝袍（沈阳故宫博物院藏）　　　　　　　图2-14 行龙吉服（沈阳故宫博物院藏）

一、官服形制

将上至皇帝、后妃，下至王公文武百官以及公主、福晋、命妇的冠服，按其不同的用途分成了礼服、吉服、常服、行服、雨服、便服几大类。每类又有冠、服、饰多款。

（一）礼服

礼服为清代帝、后参加重大典礼时所穿用，如皇帝登极，祭拜天、地、日、月，皇后亲蚕，以及在元旦、万寿、冬至三大节日接受朝贺等。清代礼服可以分为朝仪（嘉礼）用服和祭祀（吉礼）用服两大类。朝服与祭服的区别是：朝服"袖异衣色"，即袖子和衣服不是相同的色彩；而祭服是"袖同衣色"。帝后、臣僚在朝祭之时所穿戴的冠服有所区别。唯清代皇帝才有祭服，其余人员朝、祭合一。这是清代皇家服饰有别于其他朝代的地方。

皇帝礼服分为祭服与朝服。祭服，是皇帝举行吉礼祭祀活动时所穿的礼服。朝服，在举行祭祀宗庙、社稷大典、登基大典、纳后大婚、元旦朝贺等重大典礼场合时，为帝后与宫眷和王公贵族、文武官员所穿用。礼服包括朝服、端罩、衮服，搭配朝冠、披肩领、箭袖、朝靴、朝珠、朝带等（表2-1）。端罩，满语称"打呼"，由优质裘皮所制，与金人早期的生活风俗一致，"衣黑裘，细布、貂皮、锦鼠、狐貉之衣"，以此作为重要的朝礼服材料。今日，东北人仍有"穿貂"显富贵之说。

表2-1　男冬朝服制

冬朝服制	等级	纹饰	位置	样式、衣袖	上衣、下裳
男冬朝服制制一	皇帝	五爪金龙10条，十二章纹，五色云蝠	正龙4条，行龙6条，正龙两肩各1条	披领、圆领、马蹄袖，上衣下裳式，无接袖	织、绣成柿蒂形龙纹、打褶，无裾
	皇子、亲王、郡王、亲王世子	五爪蟒10条，五色云蝠	正蟒4条，行蟒6条，正蟒两肩各1条	同上	同上
	皇孙	四爪蟒10条，五色云蝠	正蟒4条，行蟒6条，正蟒两肩各1条	同上	同上
	民公侯伯子男、镇国、辅国、郡主额驸、县主额驸、一等侍卫、文三品	四爪蟒8条，五色云	下裳褶行蟒4条，正蟒两肩前后各1条	同上	同上
	举人以下	无纹饰	—	直身袍	前后左右四开裾

冬朝服制	等级	纹饰	位置	样式、衣袖	上衣、下裳
男冬朝服制二	皇帝	五爪金龙38条，十二章纹、五色云蝠、八宝平水，江山万代	正龙9条，行龙11条，团龙18团	披领，上衣下裳式，无接袖	柿蒂龙纹，打褶，无裾
	皇子、亲王、郡王、亲王世子	五爪蟒20条，五色云蝠、八宝平水，江山万代	正蟒6条，行蟒14条	同上	同上
	皇孙、贝勒以下、县主额驸、镇国、辅国、郡主额驸、一等侍卫、武二品、文三品	四爪蟒20条，五色云蝠	正蟒6条，行蟒14条	同上	同上
	武三品以下、文武四品、奉恩将军	四爪蟒20条，五色云蝠，下裳褶无纹饰	正蟒6条，行蟒14条	同上	同上

　　皇后礼服是在拜祭祖庙、受册封及亲属典礼时穿用（图2-15），包括朝袍、朝褂、朝裙，搭配朝冠、披肩领、朝靴、朝珠、金约、领约、耳饰、彩帨等（表2-2）。男朝服没有接袖，女朝服袍有接袖。"接袖"，满语称"赫特赫"。

金约
领约
披领
朝袍
朝冠
朝珠
朝褂
彩帨
朝裙

图2-15　皇后朝服

表2-2 女冬朝服制

冬朝服制	等级	纹饰	位置	样式、衣袖	上衣、下裳
女冬朝服制一	皇太后、皇后、皇贵妃	五爪金龙17条，五色云蝠、八宝平水，江山万代	正龙6条，行龙11条，综袖有龙	披领、圆领、上衣下裳相连窄袖紧身直身袍、有接袖，明黄为料，领袖为石青色，片金加貂皮缘	左右开两裾
	贵妃、妃、嫔	五爪金蟒17条，五色云蝠、八宝平水，江山万代	正蟒6条，行蟒11条，综袖有蟒	同上	同上
女冬朝服制二	皇太后、皇后、皇贵妃	与冬朝服制一相同	与冬朝服制一相同	与冬朝服制一相同，片金加海龙皮缘	左右后开三裾
	贵妃、妃、嫔	同上	同上	同上	同上
女冬朝服制三	皇太后、皇后、皇贵妃	五爪金龙24条，五色云、海水江崖	正龙6条，行龙18条，综袖有龙	与冬朝服制二相同	柿蒂龙纹、以下有腰惟（腰部无褶的特定布幅），腰惟下有褶，左右开两裾
	贵妃、妃、嫔	五爪金蟒24条，五色云、海水江崖	正蟒6条，行蟒18条，综袖有蟒	同上	同上
女冬朝服制四	福晋、公主、郡主、县主	五爪金蟒16条，五色云、海水江崖	正龙6条，行龙10条，综袖有龙	披领、圆领、上衣下裳相连窄袖紧身、直身袍、有接袖，香色为料，领袖为石青色，片金加海龙皮缘	左右后开三裾
	皇孙福晋以下至三品命妇、奉国将军淑人以上	四爪金蟒16条，五色云、海水江崖	正蟒6条，行蟒10条，综袖有蟒	样式同上，蓝或石青色为料	同上
	四品命妇、奉恩将军恭人以下至七品命妇冬夏一制	四爪金行蟒4条	前后襟各2条行蟒	蓝或石青色为料，领袖为石青色，片金缘	

在礼服类中，皇帝至郡王用龙纹朝袍，贝勒至七品官用蟒纹朝袍（图2-16）。皇太后和皇后至县主夫人用龙纹朝袍，贝勒夫人至七品命妇用蟒纹朝袍。

图2-16 《道光帝喜溢秋庭图》局部（北京故宫博物院藏）

　　衮服与补服虽属同类礼服，但皇帝的称衮服或龙褂，皇子的只能叫龙褂，亲王以下至九品官的统称补服。皇帝的衮服与皇子的龙褂颜色相同，但形制和纹样不同。"披肩领"，也称"扇肩"。努尔哈赤为统一衣冠规定"凡朝服，俱用披肩领，平居只有袍"，命众家贝勒一律穿披肩领的朝衣，以与臣庶相别。《大清会典》中明确标明龙袍、蟒袍一律带有箭袖（图2-17）。平时将袖头挽起，行礼时要将袖口弹下行全礼或半礼。还有特意为平袖口而做的箭口套袖，称为"龙吞口"。

图2-17 接袖龙袍（沈阳故宫博物院藏）

（二）朝裙

朝裙，唯女性专用服饰，在清代《大清会典》中明确写有朝裙定制，上至皇太后下至七品命妇的朝裙必须与朝服配合穿着。皇太后下至三品命妇及奉国将军淑人有冬夏两种朝裙，其他人冬夏一制（表2-3）。

朝裙为后妃及女性贵族在朝会、祭祀等礼仪场合穿在朝袍里面的里裙。朝裙原形制为半身，以带束腰（与金代女真人的裙裾形制相同）。后来出现上下两个部分、两种色彩的朝裙。依据等级身份，朝裙上部分为红色或绿色，下部分都为石青色。除夏天用纱料外，其余用缎。在朝裙的制作上要求必须是采用正幅面料，不偏、不斜、不杀（即不剪裁掉多余的量，依靠褶裥减量），依靠褶裥收腰合体。

表2-3　女朝裙制

等级	冬朝裙	夏朝裙
皇太后、皇后、皇贵妃	朝裙上部为红色织金寿字缎；下部为石青色五彩行龙妆花缎；片金加海龙皮缘，正幅不偏斜杀，有褶	除去片金加海龙皮缘，其余同冬朝裙制
贵妃、妃、嫔	其他同上，下部为石青色五彩五爪行蟒妆花缎	同上
皇子福晋、亲王福晋、公主、乡君	其他同上，朝裙上部为红色织素缎，下部为石青色五彩五爪行蟒妆花缎	同上
民公侯伯子男夫人、三品命妇、奉国将军淑人	其他同上，下部为石青色五彩四爪行蟒妆花缎	同上
四品命妇、奉恩将军恭人至七品命妇	其他同上，朝裙上部为绿色素缎，下部为石青色五彩四爪行蟒妆花缎	四季一制，沿片金边的夹朝裙

（三）吉服

皇帝吉服的规格仅次于朝服。在庆贺岁时节令、婚嫁礼仪、生辰庆典、班师典礼等一应嘉礼及某些吉礼、军礼活动、喜庆朝贺及公务活动场合所穿戴的冠服，也称盛服。吉服主要用于重大吉庆节日、筵宴，以及祭祀主体活动前后的"序幕"与"尾声"阶段。吉服由吉服袍、吉服冠、吉服褂、吉服腰带、吉服朝珠、端罩几个部分组成，地位仅次于朝服。皇帝吉服袍就是通称的龙袍，是皇帝最常穿用的服装（表2-4）。

君臣吉服袍有棉、裘、夹、纱四种，棉用于秋季，裘用于冬季，夹用于春季，纱用于夏季。其形制为圆领、马蹄袖、上衣下裳连属的右衽窄袖紧身直身袍。宗室吉服袍皆为前后左右四开裾，其余文武均为前后两开裾，裾开高度为15～50厘米。男吉服袍没有接袖。

表2-4　男吉服制

等级	纹饰	位置	样式、衣袖	开裾
皇帝	五爪金龙16条，十二章纹、五色云蝠、八宝立水江崖	正龙8条，行龙8条	圆领、马蹄袖、右衽窄袖紧身直身袍，无接袖，领袖为石青色，片金花纹缘	宗室前后左右四开裾
皇子、亲王、郡王、亲王世子	五爪金蟒16条，五色云蝠、八宝立水江崖	正蟒8条，行蟒8条	同上	同上
贝勒、贝子、固伦额驸、文武三品、奉国将军、郡君额驸、一等侍卫	四爪金蟒16条，五色云蝠、八宝立水江崖	正蟒8条，行蟒8条	同上	宗室前后左右四开裾，其他为左右两开裾
奉恩将军、二等侍卫、县君额驸、一等侍卫，文武四、五、六品，蓝翎侍卫	四爪金蟒15条，五色云蝠、八宝立水江崖	正蟒8条，行蟒7条	同上	前后左右四开裾
文武七、八、九品，未入流官员	四爪金蟒12条，五色云、江山万代	正蟒4条，行蟒8条	同上	同上

皇后吉服是在除班师外，一般礼仪庆典时穿用，包括吉服袍、吉服冠、吉服褂（表2-5）。其形制是圆领、马蹄袖、上衣下裳连属的右衽窄袖紧身直身袍，皆为左右两开裾，女吉服袍有接袖。凤钿子一定与吉服相配。

在男性吉服类中，仅皇帝用龙纹袍，其余官员等用蟒纹袍。皇太后和皇后、皇贵妃用龙纹袍，其余用蟒纹袍；皇太后和皇后用龙纹褂，其余用蟒纹褂。

表2-5　女吉服制

吉服制	等级	纹饰	位置	样式、衣袖	开裾
女吉服制一	皇太后、皇后、皇贵妃	五爪金龙20条，五色云蝠、八宝立水江崖	正龙8条，行龙12条	圆领、马蹄袖、右衽窄袖紧身直身袍，接袖，明黄色，领袖为石青色，石青片金缘	左右两开裾
女吉服制二	皇太后、皇后	五爪金龙8团，其他同上	肩正龙2团，襟行龙4团，前后2团	同上	同上
女吉服制三	皇太后、皇后	五爪金龙8团，五色云蝠	肩正龙2团，襟行龙4团，前后2团	同上	同上
	贵妃、妃	五爪金蟒20条，五色云蝠、八宝立水江崖	正蟒8条，行蟒12条	同上，金黄色	同上
	嫔、贵人、皇子福晋、亲王福晋、公主、县主	同上	同上	同上，香色	同上
	皇孙以下福晋	同上	同上	同上，红绿随所用	同上
	贝勒夫人下至民公侯伯子男郡乡等一、二、三品命妇	四爪金蟒20条，其他同上	正蟒8条，行蟒12条	同上，蓝色或石青色	同上
	奉恩将军恭人，四、五、六品命妇	四爪金蟒19条，五色云、八宝立水江崖	正蟒8条，行蟒11条	同上	同上
	七品命妇	四爪金蟒16条，其他同上	正蟒4条，行蟒12条	同上	同上

（四）常服

常服是君臣在大祀、中祀等活动中和平时做事时所穿的冠服。皇帝常服为公务服饰，在非正式场合穿用，包括常服袍、常服褂、常服冠、常服腰带、常服珠等，也分为冬夏两种。

皇帝常服袍圆领、马蹄袖、右衽、窄袖直身袍，多用暗花面料，其余形制与吉服相同（图2-18）。常服褂圆领、对襟、平袖，君臣皆无补，均为石青色暗花面料。常服冠红绒结顶，皇子以下百官形制同吉服冠。常服珠的佩戴与祭祀活动相连，平时可戴可不戴。清朝典制规定，皇帝常服褂："色用石青，花纹随所御，绵、袷、纱、裘惟其时"。

　　皇后有无常服还在学术争论之中。光绪时期的《钦定大清会典》中虽没有皇后常服的图示和说明，但会典事例中却有皇后、皇贵妃御常服的记载。从北京故宫博物院收藏的历朝实物看，皇后的常服应该与皇帝常服对应，皇后常服褂应该是石青色、圆领、对襟、平袖、裾后开。皇后常服袍为诸色、圆领、大襟右衽、马蹄袖、裾左右开，裾开高度达70～85厘米，开裾形式是区别男女常服的重要标

图2-18　常服袍（北京故宫博物院藏）

准。常服袍的袖长超过常服褂，这说明常服袍穿在常服褂的里面，行礼时便于将马蹄袖放下。常服上的纹样有龙凤、翟鸟、江山万代、汉瓦、团寿等样式。乾隆《钦定大清会典》中记载：皇后"常服袍无定色，表衣色用青，织纹用龙凤、翟鸟之属，不备彩"。表衣为褂。皇帝与皇后的常服特征一致，都没有用绣工与各种彩色绦边做装饰，均选择素织或暗花纹样织物面料。穿常服一定佩戴花钿或素钿子。

图2-19　康熙羽纱单雨服（北京故宫博物院藏）

图2-20　雍正彩塑像（北京故宫博物院藏）

（五）雨服

雨服是雨雪天气时的专用服饰，有雨冠两种、雨衣六种、雨裳两种。这是特定场合所用的男性服饰，分为上衣和下裳两个部分。雨衣为上衣，雨裳为下衣，从腰至膝，犹如围裙，抵挡雨水流入内衣。以毡、油绸、羽缎等制作。羽纱上压有花纹，薄而挺，可以防细雨（图2-19）。在举行祈雨活动时要单独佩戴雨冠（图2-20）。以毡、羽纱、油绸制作的雨冠要套戴在朝冠之上。皇帝的雨衣样式和质料有多种，如圆领对襟、类似披风的无袖长袍，对襟带袖的常服褂，大襟长袖的常服袍。毡或羽缎用月白缎衬里。油绸面无里衬。雨裳有两种，一种与行裳相同，另一种是前面不开口，是一整幅面料。皇帝雨裳多为明黄色，朱红色比较稀有。

（六）便服

便服是清代帝后燕居时穿用的服装，具有形式繁复多样、颜色与纹样绚丽多彩等特点。便服包括日常起居、内廷休闲或走访亲友、接待客人时穿用的服装，有衬衣、马褂、紧身、氅衣（图2-21）、大褂襕、套裤、裤子、便袍、便鞋、旗鞋、瓜皮帽、头簪、大拉翅等。在用料、用色、花纹上有限制，要符合身份。梳"两把头"时一定配穿便服。这些服装的装饰方法与风格，体现出清代早、中、晚期，由简约质朴到奢华考究，最后发展为舒适合体，突出审美情趣与张扬个性的不同时代特征。缤纷琳琅的后妃便服，以其夸张的绦边镶绲与精美的织绣工艺，谱写了清代宫廷服饰最华彩的乐章。其精美绝伦的工艺、个性鲜明的款式、高雅超凡的情趣，至今仍是传统民族服装创新的不尽源泉。

图2-21 氅衣（北京故宫博物院藏）

（七）冬夏服制

各类服冠按冬服和夏服分别制成裘、棉、夹、单、纱等多种形式，每款多样、多色。每年阴历六月十五日始改换夏服，阴历九月十五日始改换冬服。由于服饰定制的限定，人们不能按气候变化增减服装。在天气寒冷时，便想到在纳纱的服装里面铺絮棉花，从外表看依旧符合夏装规定。所以，在清代服饰中，出现了用纳纱面料制作冬服的现象（表2-6、表2-7）。

表2-6 女夏朝服制

朝服制	等级	纹饰	位置	样式、衣袖	上衣、下裳
女夏朝服制一	皇太后、皇后、皇贵妃	与女冬朝服制二相同	与女冬朝服制二相同	片金缘，绸缎缂丝纱	与女冬朝服制二相同
	贵妃、妃、嫔	同上	同上	同上	同上
女夏朝服制二	皇太后、皇后、皇贵妃	与女冬朝服制三相同	与女冬朝服制三相同	同上	与女冬朝服制三相同
	贵妃、妃、嫔	同上	同上	同上	同上

表2-7 男夏朝服制

等级	纹饰	位置	样式、衣袖	上衣、下裳
皇帝、皇子、王公、文武四品、奉恩将军、县主额驸	五爪金龙38条，十二章纹、五色云蝠、八宝平水，江山万代	正龙9条，行龙11条，团龙18团	披领、上衣下裳式、无接袖	柿蒂龙纹、打褶，无裾
二等侍卫以下	四爪蟒6条，五色云	前、后方补各1行蟒，腰惟行蟒4条	同上	同上，无柿蒂龙纹，裳褶无纹饰
文武五、六、七品，乡君额驸	四爪蟒2条，五色云	前、后方补各1行蟒	无腰惟，领袖石青色妆花缎，袍边沿片金缘	同上
三等侍卫、蓝翎侍卫	同上	同上	同上，剪绒沿边	同上
文武八、九品，未入流官	无织绣任何纹样	前、后方补	同上，领袖青缎，袍身青色云缎	同上
举人、贡生、监生、生员的公服袍	同上		同上，直身袍，青色素缎	同上，四开裾
生员	同上		蓝色素缎，披领、袍边为青色缘	

二、官服纹制

（一）龙袍图案

五爪为龙，四爪为蟒。清代龙蟒的头、鬣、火焰有所不同。皇帝所赐龙袍挑去一爪即可穿用（图2-22、图2-23）。

❶ 正龙

正龙为最尊贵的龙纹形象，皇帝专用。龙头平视正前方，龙身盘绕踞坐。正龙象征天下承平，江山安定，皇权固若金汤。

❷ 升龙

升龙，龙头向上，身躯在下，蜿蜒升腾，有"飞龙在天"之象，属于正龙的一种，也是王权专用。皇后、皇子用在肩部的升龙为过肩龙，寓意朝谒、拥戴。三公虽位极人臣，只能用龙头朝下、龙身在上的降龙。

图2-22　夏朝龙袍图（台北故宫博物院藏）　　　图2-23　帝月色夏朝袍（台北故宫博物院藏）

③ 团龙

团龙也称盘龙，龙纹中有护藏龙，侧身出现于适合图案之中，谓之团龙，象征聚集守护宝物。

④ 行龙

行龙又称游龙、走龙，龙以侧身飞翔行走姿态呈现，多用在膝襕上。用在服装边缘的称为跑龙，寓意忠诚谨慎效命。

按龙图案的不同可将龙袍分为以下几种。

（1）云肩式龙袍：以胸前1条、肩2条龙纹，装饰在环绕领子的区域内，多以柿蒂的云肩形式出现，同时喜用带状纹样装饰袖、膝部，称袖襕、膝襕，也称"云肩襕袖式"，与元朝龙袍最为接近。

（2）通身式龙袍：全身以胸前3条、后背3条、肩2条升龙满布前后衣片，有祥云缠绕在升龙周围，因有语云"龙无云不能参天"。

（3）团窠式龙袍：全身胸前3条、后背3条、肩2条龙纹，以团窠形式出现。

（二）蟒龙图案

皇子、亲王、亲王世子的补服上特赐的蟒纹虽有五爪，但仍称蟒而不是龙（表2-8）。所以龙和蟒的界限首先是等级上的区别与划分（图2-24）。

表2-8　蟒龙图案

等级	色彩	蟒式	开裾
亲王、郡王，文武一、二品	蓝色或石青色	通绣四爪蟒9条（特赐五爪除外）	宗室蟒衣，前后左右开四裾
贝勒、贝子、奉国将军、文武三品、一等侍卫	蓝色或石青色	四爪蟒9条	一至九品，左右开二裾
奉恩将军，文武四、五、六品，二等侍卫		四爪蟒8条	
文武七、八、九品		"过肩蟒"全身5条	

图2-24　冬朝袍（沈阳故宫博物院藏）

（三）补服图案

皇帝的衮服与官员的补服，从形制、颜色、纹样和装饰方法上，充分体现出等级森严的制度特征（图2-25）。在胸前、后背加缝补子的补服是各级文武官员在各种礼仪场合和公务活动中必须穿着的礼服，套在蟒袍外面，可以说是王公大臣的标准"制服"，不能更改，夏季可换轻薄纱罗面料，但不能减免（图2-26）。体现官爵等级的标志是补子的形状与图案。王公为圆形，分别绣有正龙、行龙、正蟒、行蟒图案。文武官员以及杂役为方形，织绣20多种文禽、猛兽图案。命妇的官服与丈夫同一等级。"八团补褂"，即8个团花蟒袍补褂，为贵族妇女礼服。

图2-25　1862年的曾贞干像（台北故宫博物院藏）

清代衮服与补服继承了中国古代礼制中"天圆地方""卷龙而冕""天地玄黄"等理念，皇帝至固伦额驸用圆形龙纹或蟒纹补，镇国公至九品官用方形蟒或禽兽补。

图2-26　《七十二老》局部（1772年，贾全绘，台北故宫博物院藏）

清代补服基本沿用明制，明代方补的面积为36.5厘米×34厘米，清代方补的面积为29厘米×29厘米，规格小于明代补子。清代文补禽鸟多织成白色，武补兽类多织成橙黄色带有黑斑，衬以金底，绿五阶退晕云纹，间以五色八宝、八吉祥图案，四周加片金缘，更显华丽精致（表2-9）。

表2-9 补服图案

文官品级	禽鸟类	武官品级	走兽类
一品	仙鹤	一品	麒麟
二品	锦鸡	二品	狮
三品	孔雀	三品	豹
四品	云雁	四品	虎
五品	白鹇	五品	熊
六品	鹭鸶	六品	彪
七品	鸂鶒	七品	犀牛
八品	鹌鹑	八品	犀牛
九品	练雀	九品	海马
乐生	黄鹂	御史、各道等	旱獭
从正农官	彩云捧月		

三、官服佩饰

官服配有朝冠、朝靴、朝珠、朝带、领约、金约、彩帨、耳饰等十几个部分。和朝裙、朝褂一样，《大清会典》中没有记载这些配饰特定应用的场合，皆为朝服所饰，自不必赘述。

（一）朝冠

朝冠是帝后君臣在举行庆典和吉礼祭祀活动之时所戴的礼冠，不论地位高低其檐皆上仰。朝冠有男女之别，冬夏之分。每年于秋季始换暖朝冠，春季始换凉朝冠。《大清会典》对什么身份的人、什么时候应该佩戴哪种质地檐的朝冠，亦有详细说明，从冠质到冠顶以及饰物都做了明文规定。内容非常繁杂，笔者只能概括表述，以便了解形制的主要内容。

1 男朝冠

男朝冠指上至皇帝，下至皇子、王公及文武百官所戴的朝服冠。分为冬秋两季佩戴的冬朝冠，也称暖朝冠，暖帽；春夏两季佩戴的夏朝冠，也称凉朝冠，凉帽（图2-27）。

图2-27 乾隆夏冠（北京故宫博物院藏）

（1）冬朝冠皆以青缎为表，红布里。冠顶左右檐下两旁均垂带，交于项下。其冠上皆缀朱纬，并要长出冠檐。冠檐皆用皮革制成，檐用皮有熏貂、貂尾、黑狐、青狐4种，根据礼制选择相应的皮檐。

冠顶：皇帝冠顶为三层，每层间各贯东珠1颗，各层皆承以金龙4条，饰东珠如其数，上衔大东珠1颗（图2-28）。皇子与亲王的冠顶相同，均为两层金龙，饰东珠10颗，上衔红宝石。按地位官职逐渐降低材质，佩戴孔雀花翎、各色宝石、

图2-28 晚清皇冠顶（沈阳故宫博物院藏）

金银锡饰座，直到文武八品官仅有阴阳文金顶而没有任何饰物的朝冠。

顶戴：俗称"顶子"。官帽上有多种装饰，顶戴佩石体现了崇石习俗，其中寓含的崇石意识来自满族神话中两位燧石火母神的崇拜观念。如果降级或革职须立即变更顶戴或摘去顶戴。顶戴成为高官厚禄的代称。满族先民有以猛兽皮毛或鸟羽为装饰的古俗。《魏书·勿吉传》记载"头插虎豹尾"，《晋书·列传·肃慎氏》记载"将嫁娶，男以毛羽插女头"，古俗中作为定情信物的羽翎后来成为官服礼帽上的花翎。萨满巫师的帽式中就有用羽翎装饰的萨满帽，同样是以孔雀翎子为主。羽翎、植物都代表翱翔天际的灵魂，具有迷惑鬼魔的功效，用于抵御侵犯（表2-10）。

表2-10　帽冠顶戴

品级	朝冠顶子	吉服冠顶子
文武一品	金起花红宝石（亮红顶）	金起花珊瑚
文武二品	金起花珊瑚（涅红顶）	金起花珊瑚
文三品	金起花珊瑚（亮蓝顶）	金起花蓝宝石
武三品	金起花蓝宝石（亮蓝顶）	金起花蓝宝石
文武四品	金起花青金石（涅蓝顶）	金起花青金石
文武五品	金起花水晶（亮白顶）	金起花水晶
文武六品	素金砗磲（涅亮顶）	素金砗磲
文武七品	素金（黄铜）	素金
文武八品	阴文镂花金顶	阴文镂花金顶
文武九品	阳文镂花金顶	阳文镂花金顶
进士、状元	三枝九叶金顶	素金
举人、贡生、监生	金雀顶	贡生同文八品，监生素银
生员	银雀顶	生员素银
乾隆以后改用透明亮玻璃和不透明涅玻璃		

　　花翎：作为特殊的赏赐，颁奖给有功的大臣，戴花翎成为一种荣誉待遇（图2-29）。孔雀尾翎上的目晕被称为"眼"，目晕的多少是等级的品秩标志。蓝翎是鹖鸟的羽毛。凡拥有"乌纱"顶戴的人，大都盼望再戴上多眼的花翎。冠不缀红缨而饰七条貂尾的称"得胜盔"或"七星貂"。

　　（2）夏朝冠：上至皇帝，下至皇子、王公及文武百官所戴的夏朝冠皆编织玉草或以藤丝、竹丝为胎，外表用罗，并缘石青片金边两层。冠表皆缀朱纬。冠里皆以红色织片金绸或红色纱。冠檐皆敞，有冠圈，冠带系于冠圈之上。玉草，即东北常见的野生"得勒苏草"（因为它是来自满族发祥地的"祥物"，所以被称为"玉草"），只许王公大臣使用，一般人等只准用竹丝或藤丝编织夏帽。

图2-29　晚清花翎（沈阳故宫博物院藏）

夏朝冠的冠顶饰物定制与冬朝冠相同，用不同顶饰、冠饰区分尊卑地位。皇帝的冠饰是前缀金佛，后缀舍林（满语"xerin"，音译舍林，指头盔上的护铁。金佛是舍林的一种，属顶级的舍林），上饰东珠。其他官员在冠顶依据官位前缀舍林，后缀金花，上饰东珠、松石，直到没有冠饰。

行服冠与常服冠制相同。皇帝冬行服冠的冠檐有黑狐皮、黑羊皮、青绒或青呢。其余百官的行服冠与冬吉服冠相同。君臣的夏行服冠都以玉草或藤丝、竹丝编织。皇帝冠上缀朱纬（红缨），冠为黄色，其余官员与夏吉服冠制一致。

2 女朝冠

女朝冠指上至皇太后、皇后、妃嫔，下至皇子王公福晋、公主及命妇所戴的朝冠。女朝冠和男朝冠一样，也分为冬夏两种。从冠质到冠顶、冠上饰物及垂带都有明文规定，等级森严。

（1）冬朝冠：皆用熏貂，所缀朱纬长出冠檐。青缎为带，冠后皆有护领，垂绦两条。冠顶和饰物以及垂绦颜色因尊卑等级不同定制各异（图2-30）。

冠顶：与男冠顶定制相似，不同的是把龙换成了凤。

冠饰：皇太后、皇后冠周缀金凤、东珠。冠后缀金翟、珍珠、宝石等，依据地位直到七品命妇，逐渐降低装饰数量与饰物品质。

图2-30　皇贵妃冬朝冠（北京故宫博物院藏）

（2）夏朝冠：除冠的材质外，冬夏冠制相同，所有女夏朝冠皆以青绒制作。

（二）朝靴

朝靴是清代君臣于朝会、祭祀、奏事等时所穿的长筒鞋。根据鞋底的厚薄和穿着的灵便程度分为官靴和官快靴。官靴底厚靴勒长，穿其行走安稳。官快靴底薄靴勒短，多用于寻常入署做事以及应酬贺吊等，穿其行走灵活快捷。

朝靴多以缎料制作，镶有缘色皮边。也有冬朝靴和夏朝靴之分，冬靴用羊皮做衬里。皇帝有黄、青两种色靴，而其他人则是青色（图2-31）。

（三）朝珠

朝珠是清代穿朝服时佩戴的串珠，是我国历代帝王佩戴玉的沿袭，渊源来自佛教的数珠。朝珠无论男女佩戴每盘都是108颗珠，每27颗间穿入一粒大珠（分珠），4颗"大佛头"珠将108颗分成4份，象征一年四季，十二个月，二十四节气，七十二候。两侧有3串10颗小珠，称"纪念"或"纪捻儿"，象征1个月30天，分上中下3旬，一旬10天。颈后的"佛头"下绦子穿着坠在背后组成"背云"，也有称"背鱼儿"。三串纪捻儿分左两串、右一串（或右两串、左一串），分列胸部两侧，按男左女右定位，看两串在哪一侧，即可判断男用朝珠还是女用朝珠（图2-32）。

图2-31 朝靴（北京故宫博物院藏）

同冠制一样，朝珠的佩戴、质地、绦子色彩等都有严格规定，不可逾越。

（四）朝带

图2-32 朝珠（北京故宫博物院藏）

朝带即朝服上所系腰带，主体以丝织物制成，带扣用金、银、玉、犀、铜、铁等，带上系汉巾、刀、帕、荷包等物。朝服所用的腰带，皇帝有两种，其余百官为一种。君臣朝带的相同之处是佩帉下宽而尖，佩囊文绣，左锥右刀，有"七件"之说。此等习俗与蒙古族相同，多系生活中常用的小件物品。不同之处是朝带颜色、带版纹样和佩绦。

皇帝腰带、囊、绦皆为明黄色，上饰东珠、宝石。带版根据祭祀更换版饰，如祭天用青金石，祭地用黄玉，祭日用珊瑚，祭月用白玉。皇子以下至辅国公的朝服带，除用色、版饰、珠数不同外，其他相同。

《大清会典》规定：皇帝朝带为明黄色，皇子等宗室人员为金黄色，觉罗宗室为红色，革退觉罗为紫色，其他人等均为石青色或蓝色。以朝带颜色及其饰件就能分出等级、辨出名分。即以"红带子""黄带子"指称努尔哈赤直系宗亲或旁系皇族（图2-33）。满族袍服因为比较紧身，所以可以根据需要决定是否用腰带，天气寒冷时多喜用腰带。

此外，民间也有束腰的习惯，夏季扎镂空丝版带，冬季扎不镂空的丝版带。民间百姓常常喜欢将腰带巾拖出在袍后，在腰带上别挂烟袋、玉佩、褡裢等小型物件。

（五）领约

领约为女性专有的服饰配件，是皇太后、皇后、妃嫔、福晋、夫人、淑人、恭人、公主以及命妇穿朝服时佩戴在朝袍披领上的一种圆形饰品，犹如今天的项圈（图2-34）。两端垂饰两条绦子，垂于颈后，缀有东珠和珊瑚或宝石。其以缀饰不同珠宝、不同色彩，区别身份地位。

（六）金约

金约为女性专有的冠饰配件，是皇太后、皇后、妃嫔、福晋、夫人、淑人、恭人、公主以及命妇穿朝服时佩戴在朝冠下的一种饰品，犹如今天的发卡。金约皆以红色片金织物为里，垂珠于颈后，上缀饰东珠、珊瑚、珍珠、青金石、绿松石等物。以上面缀饰不同数量的珠宝、不同色彩，区别身份地位（图2-35）。

（七）彩帨

彩帨为女性专有的服饰配件，与男性腰带"七件"一样，也缀有女性常用的实

图2-33　行服带（北京故宫博物院藏）

图2-34　领约（北京故宫博物院藏）

图2-35　金约（北京故宫博物院藏）

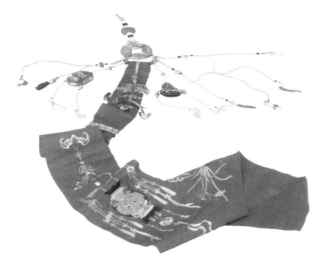

图2-36 彩帨（北京故宫博物院藏）

图2-37 唐馆书房之图（日本神户市立博物馆藏）

用物件，是皇太后、皇后、妃嫔、福晋、夫人、淑人、恭人、公主以及命妇穿朝服时佩戴在胸前的一种饰品，犹如今天的领带，通常挂在朝褂的第二个纽扣上，垂于胸前。彩帨长约一米，上窄下宽，其制视身份而定，以不同颜色的绸料制作，上绣有与身份地位相应的纹饰。皇太后、皇后、皇贵妃用绿色，绣"五谷丰登"，加佩小挂件；妃绣"云芝瑞草"；嫔则无纹饰；其他人员则以白色绸制作，亦没有纹饰。绦子色则按前面提到的朝带色彩规定用色（图2-36）。

四、官服色彩

前面已经多次提到官服的具体用色（图2-37），在此仅做总结性提示。凡是与服饰相搭配的佩件色彩基本都是遵循这个色彩规定，包括鞋帽、腰带、绦子、挂件等用色。也就是说，除了特定场合的固定用色外，皇帝可以选择任何一种色彩为自己所用，而其他人员则必须按自己的身份选择色彩（表2-11）。

表2-11　官服用色

男性	色彩	女性	色彩
皇帝	明黄、蓝、月白、红色	皇太后、皇后	明黄色
皇子	金黄色	皇贵妃、贵妃、妃	金黄色
皇孙、曾孙	蓝或石青色	嫔以下	香色
亲王、郡王、亲王世子	除金黄色外，随意用色	贝勒福晋以下至三品命妇	蓝或石青色
其他人等	石青色或青色		

第三节　生产生活方式对服饰的影响

在满族早期皇室婚姻中，有几位蒙古族皇后。作为女主内的封建社会，在家庭中主持缝补工作的女人们，很自然地就会把自己从小接触到的女红技艺带入新的家庭生活中，同样的工艺要求，她们会不自觉地倾向于本民族的技艺，这样蒙古族服饰工艺自然就融入满族服饰制作之中，成为满族服饰工艺的一个组成部分，使满族人的皮革工艺技术得到提高，从鞋靴上就可以看出蒙古族服饰的特点（图2-38）。满族袍服外观上与蒙古族袍服相似，但彼此有着本质上的不同。就像西方人难以分辨出日本人、韩国人、中国人的差异一样，而东方人一眼就能从细节上感受到差异所在，找到归属（图2-39）。

图2-38　蒙古族女子服饰与发式（1921年）

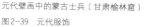

元代壁画中的蒙古士兵（甘肃榆林窟）　元代供养人（敦煌莫高窟332窟）
图2-39　元代服饰

一、草原民族皮革工艺的影响

熟制皮革是对技术要求非常高的工艺，"牛皮靰鞡"是普通满族人劳作生活中的必需品，买卖靰鞡时，不论双不论只，而是论斤。由整张牛皮制成的靰鞡结实耐用，从它的结构和工艺看与赫哲族的"鱼皮靰鞡"同属一门技艺，同是鞋底包鞋面的形式，同是利用鞋面上的褶皱来调节宽窄肥瘦。甚至可以说牛皮靰鞡是满族服饰中保留最完整、最具有原生态的服饰，直到今天牛皮靰鞡还在偏远地区使用。满族先祖对鱼皮熟制过程也有自己的传承。满族服饰中有很多沿边缘而做的镶嵌包边工艺，以棉布包边，使经常摩擦的部位能减少损坏，或及时更换新包边，保持或延长服饰美观性能，这也是皮革材料使用中常用的工艺技法。皮革的染色、描绘都会利用天然动植物的血液或是汁液。

丰富的皮革资源促使东北人早早就学会了充分利用动物皮革的本领。他们不仅可以单一利用皮革，也可以保留动物的整个头部皮毛，连皮毛一起成为服饰。这既可以看作他们战时的伪装品、战后的胜利品，也可以看作对自然力量的崇拜。鄂伦春族人有名的狍子帽就是一个非常突出的代表，在鄂温克族、达斡尔族中还有狼、狐狸的头皮帽，形象逼真，在狩猎中能起到很好的伪装作用。

二、农耕的影响

被满族称为纺织女神的安春阿雅拉，死后把自己的头发变成野麻，并托梦给族人教他们用野麻做成衣服的技艺。黑龙江地区至今都是苎麻的产地，麻布的使用历史要比棉布久远。满族先辈很早就从汉族手中得到了农耕民族特产的棉布技艺和桑蚕丝面料，以此大大补充了满族所特有的皮革材料。黑龙江省哈尔滨市阿城区金上京出土的金代贵族服饰文物基本是南方生产的丝织物品，珍贵的桑蚕丝绸使其成为满族权贵人士所享受的特权（图2-40）。辽宁丹东地区是东北柞蚕的盛产地，与桑蚕丝不同，柞蚕个体大，产量高，丝质粗黄，织物厚重，非常适合北方。

图2-40　朝袍（北京故宫博物院藏）

以棉布材料制衣已经成为非常普通的民间技艺。2007年，据辽宁宽甸满族自治县满家寨95岁高龄的满族老妇姜氏介绍：自她记事起，村里普通百姓人家都是自己种棉花、纺线、织布、染色、做衣，所种棉花刚够一家人服饰用量。从笔者多年的考察看，北方民族基本都是如此自制服饰，可谓产、供、销一条龙，属于典型自给自足的小农经济。由此也可以看到，随着满族南迁、工业文明的进程和纺织行业的逐渐兴起，满族的皮革服饰逐渐被棉布服饰所替代，服饰制作工艺也随着面料的改变而逐渐发生改变（图2-41）。皮革制作工艺逐渐退后，棉布制作工艺逐渐成为主体，满族与北方诸民族一道选择了更适合布衣的工艺技术，服饰制作工艺也由适于皮革的粗犷工艺逐渐转向适应棉布丝绸的精细工艺。兽皮变棉布，兽筋变丝线，骨针变成钢针，这一系列原材料上的改变，导致服饰制作工艺从裁剪方式到缝制方式的改变。过去需要经过拼合材料后才能得到服饰所需要的幅宽，而今可直接从家织面料上剪裁，省掉了面料拼接的工艺程序。

图2-41 《准备新年货物》局部（台北故宫博物院藏）

满族南迁后所生活地域的气温与寒冷北方相比也有了非常大的差异变化，服饰结构上的重大改变也影响到原来的工艺程序（图2-42～图2-46）。例如，袍服上的箭袖不再是必须有的部件，即便有箭袖也不会用过去一尺半（约50厘米）的长度，仅仅是护住手背就能满足防寒需要了。那些省略不装箭袖的服饰直接省略了箭袖的制作程序。

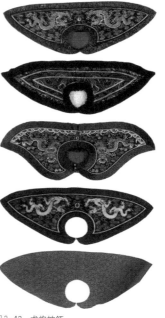

图2-42 龙袍披领

图2-43　咸丰石青妆花缎裰女朝裙（北京故宫博物院藏）

图2-44　皇帝朝袍（北京故宫博物院藏）

图2-45　皇后吉服袍（北京故宫博物院藏）

图2-46　吉服袍（北京故宫博物院藏）

第二章
社会制度对满族服饰的影响

第三章
人生礼俗与满族服饰

第一节　宗教信仰与服饰

满族是东北少数民族中最具有影响力的民族，萨满又是满族文化中最具影响力的宗教形式，而萨满祭祀服饰充满神秘性，它的存在可追溯到原始母系氏族社会，原始部落的人们给一切不可理解的现象都附加上神灵的色彩，一切生产活动也都与原始崇拜仪式联系在一起，如巫术仪式、祭祀仪式等。那时的萨满是人与神灵之间的使者，他们分布于北方民族或部落，如肃慎、勿吉、靺鞨、女真、匈奴、契丹等，萨满原始信仰行为的传布区域相当广阔，囊括了北亚、中北欧及北美的广袤地区。我国近代的北方民族，如满族、蒙古族、赫哲族、鄂温克族、哈萨克族等，湖南湘西居民、台湾先住民，也有信奉萨满或保留某些萨满的遗俗。

一、萨满服饰的类别

在中国北方萨满中，至近世纪仍传承了部分古代祭礼的生动形态及有关神话传说的口碑资料。其文化蕴涵丰富厚重，从某种意义上说，萨满是该区域古代文化的聚合体，囊括了北方先民宗教、信仰、哲学、历史、婚姻、丧葬、道德、文学、艺术、体育及其他民俗文化形式、观念与成就，甚至北方初民的自然科学、天文、地理、医学，以及采集、渔猎、游牧、航运、工艺等生产技术也是在萨满中得以传承和发展的。因此，萨满是北方古文化的重要载体，是该人类童年时代文化的"活化石"，蕴藏着该区域的文化奥秘。通过对萨满服饰文化的视透和研究，能使后人更好地了解满族服饰文化的演变与发展。

萨满，也有称"珊蛮""查玛"者，最早出现在南宋历史文献《三朝北盟会编》中，意指巫师一类的人，是神与人之间的中介者，他可以将人的祈求、愿望传达给神，也可以将神的意志传达给人。湘西地区敬有"萨嬷"（音译，sāmu）女神，满族有佛托嬷嬷（图3-1）。

图3-1　满族的佛托嬷嬷（伊通满族博物馆藏）

萨满是一种原始的多神教，远古时代的人们把各种自然物和变化莫测的自然现象，与人类生活本身联系起来，赋予它们以主观的意识，从而对它产生敬仰和祈求，形成最初的宗教观念，即万物有灵。宇宙由"天神"主宰，山有"山神"，火有"火神"，风有"风神"，雨有"雨神"，地上又有各种动物神、植物神和祖先神……形成自然崇拜（如风、雨、雷、电神等）、图腾崇拜（如虎、鹰、鹿神等）、祖先崇拜（如佛朵嬷嬷、佛托嬷嬷等）。萨满在祭神的神事活动时，身上穿戴与萨满相关的衣裙、饰物等，称为萨满服饰。原始萨满使用的祭神服是非常复杂的。巫师身着动物皮制作的"神衣"，周身布满长长的飘带并缀有各种大小不一的铜镜、腰铃等。"神衣"下半部分外罩由五色花蛇皮缝制而成的、有很多条带的"神裙"。头戴以金属条为帽架的"神冠"，帽架上方装饰有鹰、鹿角。萨满在做祭祀时使用皮"神鼓"，手拿包覆着兽皮的法槌，并时而剧烈连跳带唱，时而静如止水。"神鼓"是用硬木做鼓边，山羊皮、小牛皮或狍皮做鼓面，形态为圆形或椭圆形。与佛教、道教的服饰不同，萨满服饰千奇百怪，不同姓氏可以穿着各异的萨满服饰，满族、蒙古族、鄂伦春族、赫哲族、朝鲜族等民族的萨满服饰自有特点。总体来看，萨满服饰有家神祭服和野神祭服两大基本类型。

（一）家神祭服

家神祭是依清廷颁行的祭典而行的祭礼。在这种简化、规范的祭祀中，各地区萨满服饰的造型上都有自己的地方特点，如辽宁一带的神祭服趋向简化，而黑龙江、吉林、内蒙古以及东北亚等地区则很有本民族的原始特点。

（二）野神祭服

野神祭保持部落祭俗，以石、杨、郎等姓氏居多，其主要内容为驱灾、求福、祛病、占卜等，其服饰较为古朴简单。基本是上身衣满族对襟汗衫，下身穿飘带衣裙，上身多为白色，下衣裙色调不一，多以颜色艳丽的绸缎为之，其上镶嵌图案，周边精绣彩花，比日常衣饰做工精细，雕琢细致。人们还主要在裙子下摆上下功夫，绣缀海水、云朵等纹饰。其"神衣""神裙""神冠""神鼓"等服饰、用具式样虽说与家祭神服中的基本相近，但较为简单。

二、萨满服饰造型特点

原始萨满造型多以仿生造型为主，凡巫师作法时，便一定要身穿"神衣""神裙"，头戴"神帽"，使用羊皮法鼓，佩戴驱魔降妖的鹰爪、熊掌及垂挂闪亮发光的铜镜等饰物，以此呼唤神灵，同神灵对话。下面对不同萨满服饰的造型特点进行阐述。

（一）神衣

神衣是萨满祭服的通称。萨满"神衣"造型一般分为两大类：一是北方地区的神衣，形似现在的紧身对襟长袍，粗犷宽大，佩饰较多，其下系锦绣条裙如垂尾；二是近于温带、亚寒带地域的萨满，则有长衫式神服，并在长衫式神服外面穿云肩（图3-2～图3-4），衣身粗犷宽大，周身装饰略少于北方神服，挂饰排列比较有序。

图3-2　萨满云肩（金上京历史博物馆藏）

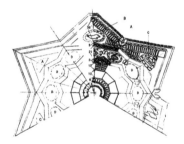

图3-3　骨制萨满云肩结构图（实物绘制）

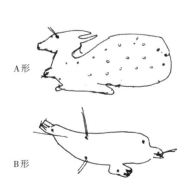

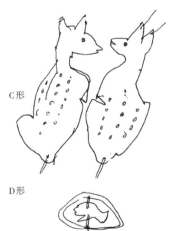

图3-4　萨满云肩上的动物形象（实物绘制）

"神衣"是服装与佩饰的组合体，上半部分由"兽皮袍服衣"与"云肩"组成，佩饰有各种不同类型的铜镜、响铃（图3-5）、刀饰、金属链等，铜镜有大有小，分别垂挂于袍服前后胸背襟之处，有数十面之多；下半部分由"神裙"与"蛇皮腰铃"组成。

图3-5 萨满神服袖上的响铃

"神衣"的装饰各地虽有所不同，但都有其相同之处。以最为典型的神服装饰来看，一般用兽皮制作（鹿皮较多），周身上下缀有大小不一的铜镜。萨满身上的铜镜越多，象征神力越大。以北方民族萨满神服来看，神服衣袖上采用了真蛇皮、兽皮、布帛等不同种类的生物图案，多达几十种。其中用得最多的图案是拟人图案，以及太阳，熊、虎、鹿、龙蛇，蜥蜴、青蛙或蟾蜍，鸟等图案。图案排列方向为横竖或对角，配饰明显、美观实用。再配以披肩与装饰彩条衣。每当舞动时身上的铁饰伴随"蛇皮腰铃"相互撞击，发出扣人心弦的声响，有种撞击心灵的感觉，使人深感神秘和震撼。神衣彩带以红、黄、蓝、白为主要色彩，绿次之。

1934年《松花江下游的赫哲族》中所采录的萨满神衣形如对襟马褂，其是由染成了紫红色的鹿皮制作而成。上面有用染成黑色的软皮剪出的龟、蛇、蜥蜴、四足蛇、短尾蛇、蟾蜍等图形，图形用量不等，均缝贴在神衣上。因历史悠久，或秘而不宣，无法说清这些图形的目的。蛇有6条，龟、蜥蜴各2条；背后没有蜥蜴。

在俄罗斯布拉戈维申斯克市博物馆里陈设的萨满神服上缀有铁制图案，其形象不仅极富有民族特色，也与他们的生活相关，充满了民族的生活气息与习俗。将赖以生存的生灵和捕猎的工具置于袍上，作法时会随着作法人的舞动而撞击出铮铮响声。图案按照自然界规律而布置。天上飞的禽鸟，水中游的鱼，最多的还是地上的野猪、黑熊、麋鹿、马匹等动物。此外，白山黑水也被他们非常简练地表现出来，两个山形间夹着空的水纹折线，一正一负，充分显示出他们对自然界的概括能力。所有的动物形象都选用了剪影的处理方法，简约而概括，一眼就能分辨出是何种动物，形象概括得极其准确。这些形象的动势，能让人感受到它们

图3-6 萨满动物图案

的生活习性，如黑熊的笨拙，狍、狼的机敏狡猾，低俯着头的马匹与麋鹿显示出温顺（图3-6）。

由于北方少数民族传统狩猎生活的影响，兽皮加工技艺高超，神服服饰多数是用兽皮加工制作的。萨满袍用去毛的光板皮，再用柞树皮煮成的黄色水染成古铜色的皮衣，并在袍摆饰以各色绢布带，散端长度有20厘米，绳带粗如拇指，长至小腿。作法时绸带飘舞，旋带之风和铁器之声都更助神威。

（二）萨满帽

萨满帽是用一条条铁片钉制成麋鹿角状的帽式，有的也和真的鹿角混制在一起。萨满帽不同于普通生活用的帽式，鹿角的形象简约而生动逼真，铁片长短的渐次变化形成极强的装饰效果，因模拟鹿角的生长方式而高高向上，仿佛要与神灵相通（图3-7）。帽式的边缘上饰以与萨满袍相同的绢带，棉布与皮板做成的帽圈上还饰以作法时用的铜镜。不难想象，当萨满神师在月光下、火光旁、香烟的缭绕中跳跃时，铜镜与铁制图案不仅会自己发出冷冷的寒光，而且也会折射出烈焰的火光或幽幽的月光，使萨满的宗教神秘感更加强烈。

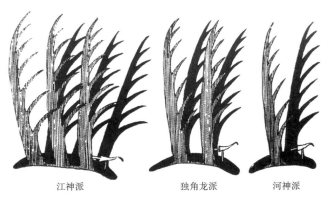

江神派　　　　独角龙派　　　河神派

图3-7 三种不同的萨满鹿角

① 有帽架的神帽

此神帽是由铜或铁制作而成，帽顶前侧大多配有金属动物饰物，并装饰有鹰的形象。圆形"神帽"前后由扁金属条圈成圆圈，再由两条相互交叉的铁条同圆圈以拱形相连制成帽架，左右两侧配有两根铜制鹿角，在帽圈周边镶嵌着五条向外张开、形似莲花瓣状物的铁条，中间一条瓣略大，金属条莲花瓣的顶部呈花瓣饰角。据史料记载，"角"的数量决定品级。神帽的后部垂红、黄、蓝色布条。

② 二龙戏珠帽

该帽的下方也是由扁金属条圈成圆圈，再交叉两根拱形金属条，帽圈的前部饰有飞鹰形象，里部衬有棉质的衬帽。神帽上方配两条形象逼真呈对角的金属整龙，龙口衔红色绒球状铜铃，双龙之间配有色绒球，舞动之时煞有神秘感，神帽中间装有一条直立长度略高于龙的金属条，上饰一只展翅翱翔的飞鸟，飞鸟口衔铜铃（图3-8）。神帽后部下垂用九种色彩条制成的长彩条三根，形象威武神秘。

图3-8　清宫廷萨满神帽（北京故宫博物院藏）

③ 鹿角神帽

鹿角神帽，帽身形状似"瓜皮帽"，以布、皮革制成，并在十字交叉的皮革帽条上装饰类似花边的纹饰图案。帽顶两侧装有两根长金属鹿角（图3-9），向外张开的鹿角分为三叉、五叉、十五叉，叉的数目是随着神力的加强而增加的，三叉鹿角有9条布带，11个小铃；五叉鹿角有9条布带和皮带，17个小铃；十五叉鹿角有布带52条，19条皮带，19个小铃。鹿角中有金属做的鸠神，两旁各有一个有翅的神兽。偶有挂求子袋的。帽前饰有圆形星辰图案、护头铜镜（图3-10）。帽子的飘带长短不齐，各色不一，飘带有节，带子与小铃的数量由萨满品级而定。帽后部也装饰有很多长长的红色、黄色、蓝色、黑色的布条。

图3-9　萨满神帽（俄罗斯布拉戈维申斯克市博物馆藏）

图3-10　萨满神服（金上京历史博物馆藏）

④ 羽翎神帽

羽翎神帽的帽身似盔状用毛毡制成，有帽檐。帽檐正前面配有圆形的金属制成的太阳纹饰，两边饰有很多金属铜铃。帽的顶部装饰有雄雉尾翎、雁翎、天鹅翅翎等精制的羽翎，羽翎以孔雀蓝眼尾翎为主。清代满族官员的头饰上所用翎羽也是这种神力的化身。

（三）神裙

神裙，样式甚多，由衬裙和罩裙两部分组成。衬裙左右两片质地不同，每片上大下小。罩裙则是由一条30厘米左右大小的围腰，下垂很多长度及地上窄下宽的长条飘带，再经缝制而成（图3-11）。长条飘带多由皮毛条或多彩织物组合而成，也有用五色花蛇皮缝制而成，条的数量多少不一，有的几十条，有的多达百条。彩条上都绣有各式图案。飘带数量也因萨满等级而定，初级有36条，其中18条布带、18条獾皮带为裙子前幅，有铃铛3个或5个或7个。萨满级别越高，铃铛数目越多。

腰铃是由30～40个形似喇叭状的铁筒组合而成，以蛇皮、鹿皮、牛皮做腰带，皮上装饰有绣花图案（图3-12）。腰铃后侧挂有飘带，每个飘带面上都绣有图案，制作相当讲究，"五彩花蛇"蛇皮腰铃可谓是最为讲究。"五彩花蛇"象征太阳的光纹，萨满认为蛇是太阳的光，"蛇的花纹皆是阳光的线照在地上"，蛇皮花纹象征萨满拥有太阳。

图3-11　萨满裙（中国台北历史研究所藏）

神裤，与各民族服饰材料相呼应，可用鹿皮、蜥蜴皮等动物皮革制作。现在的满族萨满服饰已经多为布料制作，裤子穿在萨满袍服里面。

神鞋，过去是用蛙皮制作；现在用猪、牛皮制作，鞋边有边须。袜子用麋鹿皮制作，有袜勒，中间有黑色皮剪成的龟形缝贴在脚面上。

图3-12　腰铃（辽宁省博物馆藏）

手套，用染成紫红色的麋鹿皮制成，上绣有龟纹。

（四）法鼓

萨满在祭祀时要使用羊皮法鼓，早期"法鼓"有几十余种（图3-13）。"法鼓"为圆形或椭圆形，以硬木做鼓边，山羊皮、小牛皮或狍皮、鹿皮、狼皮、马皮等做鼓面（图3-14）。巫师作法时，手上佩戴驱魔降妖的鹰爪、熊掌及闪闪发光的金属腰牌，以此在作法时唤醒神灵、向神灵传达信息，"迎接神灵"和"娱乐神灵"。手拿包覆着兽皮的法槌，时而剧烈连跳带唱，时而静如止水。一边舞动身体，一边挥动法槌有节奏地敲打"神鼓"，"神服"上大小铜镜铁饰物及腰铃相互撞击作响，飘带飞舞，如同"神灵"降临，以显示威严之至。用来展示巫师优美的诵经歌喉和诙谐、生动的表演及较强技巧性的舞蹈，便渐渐成为萨满各种仪式中不可缺少的部分。"法鼓"装饰图案精美，其中用得最多的图案是龙蛇、蜥蜴、青蛙或蟾蜍图案。此外还有神刀、神杖等用具。

图3-13 萨满神铃鼓（金上京历史博物馆藏）　　　图3-14 神鼓（私人藏品）

三、萨满服饰文化的演变

萨满服饰文化的演变同社会一样也经历了一个漫长的过程，即先由原始古朴、粗犷简单到烦琐规范，再由繁返简。原始萨满服饰的佩饰很少，巫师大多披发，袒胸赤足作法，其装饰品来源主要是由参祭族众酬谢敬献。所献之物是毛、革、麻、丝等。敬献条带越多说明法力越大。

一些遗传下来比较烦琐、佩饰较多的神服，受现代自然宗教和人文宗教影响而逐步完善；那些难登大雅的古朴、粗犷野蛮渐被烦琐规范程式化所淘汰。此外氏族之间的争斗也带动了萨满服饰的发展，清代建立以后，统治者出于自身政治的需求，剔除那些存于民间的程序浩繁的野萨满，实行简约祭祀、规范祭祀活动。萨满服饰也因此简单化了不少，甚至个别样式被淘汰，以致各民族萨满服饰相近。只有那些地域偏远的地区保留野萨满的服饰。因而东北满族同北方其他信仰萨满教的民族在萨满服饰上有着较大的差异。在辽、吉两省的萨满祭祀活动中，萨满服饰相对简单，有的上身白汗衫配马甲，下身围条布裙（图3-15），系腰铃带，无头饰，手拿带柄的皮"法鼓"。复杂一点的也就是多了一些头饰，

图3-15 萨满神裙（瑷珲历史陈列馆藏）

但与过去萨满服饰相差甚远。

就位居黑龙江大兴安岭的鄂伦春族来说，其萨满服饰就相对复杂一些。由于鄂伦春族具有以深山为居、以野兽为食的骁勇善射民族特点，因此使用狍皮、鹿皮较多。巫师上身着对襟狍皮、鹿皮长衫式神服，神服外挂披肩，皮长衫式神服上镶嵌很多绚丽多彩的绣品装饰小布兜，并挂有响器，前胸垂挂六个圆形铜镜，头戴鹿角金属神帽，神帽后部装有彩色长条带，基本沿袭了古萨满神服的烦琐粗犷装饰形象（图3-16）。

位居内蒙古呼伦贝尔市的鄂温克族，其萨满服饰同大兴安岭的鄂伦春族萨满服饰虽有相近，但在材料的使用及服装形制上有所不同。前者使用牛、羊皮革较多，披肩使用兽骨装饰图案，圆形铜镜垂挂在长衫式神服的下半部（图3-17），头戴饰有两只展翅翱翔的飞鸟兽骨神帽，神帽后部彩色条带较短，响器挂在长衫式神服的下摆处。

随着社会进程的改变，各种皮制萨满神服日渐稀珍，原来的皮质条饰变为布质条饰并以刺绣、图案代替金属饰品。萨满服饰也仅由普通的生活装束加上祭祀必备的神案、腰铃、铜镜、抓鼓、鼓鞭等组成，且只有在某些传统节日时才可能见到打了折扣的萨满祭祀活动表演，原有萨满祭祀活动中的服饰在民间已基本很少见到了，取而代之的是以简单实用功能为主的服饰。萨满服饰由原始古朴简单变成氏族挥霍烦琐再到精简规范，经过了漫长岁月，其经历也可谓由兴盛到衰退（图3-18）。

萨满不管是兴还是衰，皆与社会变革分不开。萨满源于氏族，兴于氏族，衰于氏族，氏族之间的争斗、自然宗教和人文宗教的冲击，改变了萨满在氏族间不

图3-16　鄂伦春族的萨满神服　　　图3-17　萨满神服（内蒙古博物院藏）　　　图3-18　萨满面具（金上京历史博物馆藏）

可动摇的神圣地位。萨满中的"野蛮靡费"使人产生厌恶与离经叛道之感，是萨满衰退的一个不可改变的因素，甚至满族皇室对本族神教也充满不满，于是有了驱除"野祭"，限定祭神等一系列重大改革。由此使萨满在一定程度上走向衰退。但萨满服饰中蕴含的神秘与象征理念，原始古朴、粗犷精美的艺术造型，审美意义等，无论是从艺术价值、学术价值、民俗价值还是文化价值方面来讲，都是非常珍贵的。它们具备造型理念象征性，使后人能了解、认识传统满族民族风俗服饰与现代文明服饰的差异。

四、萨满服饰内涵

萨满教是北方少数民族所信奉的宗教。赫哲族、鄂伦春族、鄂温克族、蒙古族、满族、达斡尔族等民族中都流行信奉"万物有灵"的萨满。萨满教徒崇拜自己的祖先，认为灵魂长存不灭，崇拜大自然，认为日月星辰、山川草木都有灵魂。上界天堂，中界地上人间，下界地下鬼神。巫师萨满在社会中占有重要地位，人们相信萨满能沟通神灵，生病、受灾都要求萨满跳神（图3-19）。

萨满衣着与佩饰从来就是一体的，两者相辅相成。萨满在自己的衣服上，总是披挂许多佩饰，或以许多种灵物佩身。后渐形成披挂固定的灵物，如鸟翅膀演变成鸟羽化的小罩衣。祭祀越宏大，披挂的佩饰就越多，佩饰常常是先辈萨满传下之物，后世萨满如认为某个先辈萨满灵魂转世，那就会佩上与先人一样的饰物。

萨满服饰的装饰都具备一定的象征内涵。

金属：铜镜是太阳和光明的象征，是驱魔照邪的吉祥物。神铃发出的声响可以鼓舞出征打仗的人。萨满前胸口佩戴大铜镜，象征太阳；背后佩戴较小的铜镜，象征月亮，意味"怀日背月"。两肩又有"左日右月"两面神镜，腰间环佩小铜镜，象征日月相追、

图3-19　巫医药箱（台湾大学人类学博物馆藏）

相辉。胯间镜表示生育神。有的萨满在神衣神裙前后、两袖、裙边等处嵌佩诸多小铜镜及闪光的蚌壳、石头、骨角片、鱼鳞片等闪光物，象征诸神用磨出的神镜抛到天穹中形成的明星辰，这种佩饰象征着整个宇宙星体。

革饰：鱼皮、兽皮、刺猬皮、鹿皮、狍子皮、虎皮等，本身就具有一定的兽性，因其是用胜利得来的果实做成的服饰，应该有其胜利的灵验，可作为恐吓之物。鱼皮鱼鳞在太阳光照下，闪烁着熠熠耀目的光芒，象征会与天相同。

羽饰、植物饰：象征翅膀，代表着高高翱翔的灵魂之光，具有迷惑常人、迷惑恶魔的作用，可抵抗外神的袭击。

云火纹：云纹代表白云波涛、海浪，如同脚踏彩云，翱翔于天地之间。喻义天地主宰。火纹代表太阳一样的光明，像烈火一般猛烈和炽热。

文身：满族古婚俗中，成年的男女青年经过一系列萨满仪式后，由萨满在他们的背、腹、腿上刺刻氏族图腾的图像，禁止氏族内婚。袒胸露背、兽皮裹身的古代满族先民在一些水祭、海祭、天祭中，常用树叶、草、皮等物将私部遮上，其余均裸体。

东北服饰美丽而神秘的光芒不仅在萨满服、鱼皮衣上闪耀，还深深埋藏在黑黑的沃土里。就像北大荒的原野，有着无数可以开垦的土地，可以发掘无尽的财富，就像蒲草鞋一样，平凡而淳朴，并且一直都没有远离。

总之，从某种意义上说庄严神威的萨满服饰是萨满的标志和象征，神奇的萨满离不开神奇的萨满服饰，是萨满的统一表现体。满族服饰的很多图案与造型都能看到萨满服饰的影子。

第二节　礼俗节庆与服饰

婚礼是人生中很重要的一件事。婚庆服饰是世界各地民俗特色的文化体现，同时也具有民族传承性与历史时代性。世界各地的婚庆参与者大多都会在主动继承祖先习俗的基础上，再加入所在地区的时代特色。作为婚礼主角的新娘和新郎，因人生婚姻大事的重要性而享有特权。新人为最大，"新郎官"也成为一个特殊

"官位"。新娘的服饰也可以极尽奢华，凤冠霞帔也是在婚礼时才穿戴的服饰。很多地方的新娘需要从很小就开始为婚礼做刺绣准备，婚礼上的服饰也成为女红技艺的展示平台。

一、婚庆服饰

满族婚礼服饰因满族迁徙地域辽阔，所呈现出的面貌也有很多不同。从流传下来的影像资料来看，既有着传统旗装，也有穿短袄配马面裙，这种现象一直保存在今天的婚礼上。婚姻是人生大事，以新人为大，婚姻主角也就等同于官员，所以才叫"新郎官"，新娘、新郎一般都穿里外全新的服饰。新娘在婚礼上会有盖头巾遮面，新郎会用秤杆挑起盖头，意为"称心如意"。新郎官服饰的变化不大，一般都是延续长袍马褂的特色（图3-20）。

新郎：头戴红缨帽，也叫"小登科帽""官帽"，身穿箭衣，腰扎"达苞带"，脚穿抓地快靴。上身斜披一块红绸子，胸前戴朵大红花。

新娘：身穿大红袍，俗称"拉草衣裳"，就是妇女随男人出外打猎、打草时穿着的衣服，意在不要忘记过去。胸前挂一个大铜镜，进门以后，由两个女孩再把两面镜子搭在新娘肩头，前胸一块，后背一块，意在驱灾避邪，皆源于传统萨满服饰的魔力。肩上挎两个"使命葫芦"求得富贵，脚上穿一双绣花鞋或是"达苞鞋"。红盖头的四个角上要拴4穗，每穗要坠有1~2枚大钱。在婆家开脸后，要改梳满族"大拉翅"发式，带上钿子，插上4朵绢绒花，两边垂穗。晚清时期满族女性在婚礼上经常使用挑杆钿子（图3-21、图3-22）。

从英国约翰·汤姆逊（John Thomson）拍摄的历史婚礼照片看，穿马面裙的新娘脚上也穿凤头鞋。从清末出版的《醒世画报》对满汉女性服饰的统计可见，满族女性并不局限于满族传统服饰，而是学穿各族服饰（图3-23）。如今，满族女性在婚礼上以马面裙作婚裙、戴钿子，也是百年前历史习俗的延续（图3-24~图3-26），与皇后祭礼所用朝裙具有相同意义。

在历史上还曾存在冥婚的陋俗。婚礼程序与正常婚礼相同，只是新娘或新郎手持木牌参拜天地（图3-27）。

图 3-20　现代满族婚礼（伊通满族博物馆藏）　　图 3-21　1922 年，婉容大婚服饰（台北故宫博物院藏）　　图 3-22　1922 年，文绣大婚服饰（台北故宫博物院藏）

图 3-25　婚钿（北京故宫博物院藏）

图 3-23　1936 年，临汾李兴盛的结婚照（中国人民大学博物馆藏）

图 3-24　嘉庆时期的熏貂镂嵌银鼠双喜皮马褂（北京故宫博物院藏）

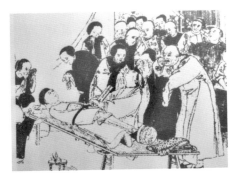

图 3-26　婚甲套（北京故宫博物院藏）　　图 3-27　持木牌与逝者结婚（源自晚清《点石斋画报》）

二、丧礼服饰

满族本没有丧礼服饰，先人葬俗是"天葬"，长白山地区还有与南方"崖壁悬棺"同理的"悬树棺葬"。以后是"水葬""火葬"，凡是逝者生前喜爱的物品要随同火化。与汉族杂居后，丧葬习俗借用了很多汉族习俗，在加入本民族很多习俗的同时，变天葬为土葬，但对于意外或以特殊方式逝世的人依旧火葬。

图3-28　孝服（《安葬》局部《北京风俗图谱》第86页）

满族服丧期间的旧俗是身穿素帛，头戴青布小帽，脚穿青布靴，不用白帽结。从孝庄太皇太后的葬礼开始，康熙诏令"孝服俱改用布"，承袭"正统"的儒家丧服制（图3-28）。

逝者服饰：临终之际换上本民族的传统服饰——"装老衣服"，从里到外用奇数（如七层或套），不能用双数。有官职爵位之人也可以穿官服入殓，白布盖身，系的带子都用死结。寿衣避免使用缎子、扣子、兽皮和领子，要用绸子、带子。借用"稠子""带子"，避讳"断子""领子""扣子""扭子"等转世变兽和不利子孙的意念。送葬亲友要把铭旌撕碎后分给孩子做鞋用，用以辟邪和避免噩梦。有些地方在服丧的百天内孝服不离身，晚上睡觉也不脱。有丧者士兵用黑布制作领衣。

皇太极去世时，据《清史稿》记载满族帝王已经开始仿效汉族传统丧葬之礼，开始尊礼服丧。《清稗类钞》："乃至本朝，于居父母之丧者不薙发，自天子以至于庶人皆然，亦满俗也"；《旧京琐记》："凡有君后父母、主父母之丧，皆剪辫发寸许"；《满文老档》等文献记载着努尔哈赤时期已经在女真内部流行如遇亲丧"男性剪发辫，女性剪发、脱珥"，直到康熙帝时依然剪辫。清末崇彝在《道咸以来朝野杂记》中详细记述了男女"穿小孝"的不同形式："凡亲友家有丧事，若至亲，闻信即往哭，不待讣之至……非至亲者，不著缟素服，男冠去缨，著石青褂，女去首饰，亦石青褂。主人奉小孝，则受而佩之，男则腰绖；女则首绖，非包头也，以孝布折一方胜式，簪之头顶也。若朋友之丧，则冠不去缨，有花翎者摘下。只著石青长褂而往吊"。

逝者男性近亲：与汉族一样穿白色大庄粗布"吐边"孝袍，前后开裾，但孝衫后面没有"披麻戴孝"的一绺麻。《道咸以来朝野杂记》中记载："孝服至轻，除孝袍吐边外，几乎看不出是亲丧来"，甚至有人将白色羊皮袄反穿充当孝服，"国丧则入临，皆反穿羊皮袄，余日玄青褂，至奉安始止"，以致"各部署引见时，冬裘不得用羊皮，恶其近丧服也"。逝者近亲要在孝帽子上钉白棉花球，孙子辈的要在孝帽子上钉块小红布，称"戴花孝"。远亲只在腰间扎一条白色带子，俗称"孝带子"，腰带搭头是男左女右，不戴孝帽子。

逝者女性近亲：粗布白色孝袍，前后不开裾。将白布叠成长条在头上围一圈后系上，余布一长一短垂肩，死者是男的，要左长右短；死者是女的，要左短右长，称"戴包头"，百天内不能摘掉。守孝三年内不能戴花。头上的白头绳在第二年时换成蓝头绳。在服丧期间，有些地方百天内孝服不离身，晚上睡觉也不脱。要避红色，男女服饰都不能沾红，男女脚下都穿青色"孝鞋"，连皇帝批文都改"朱批"为"蓝批"。

第三节　戏曲与服饰

在我国戏曲中有很多身着满族服饰的剧目。如黄梅戏《六尺巷》中的张英，《村姑戏乾隆》中的乾隆，河北梆子《大登殿》中的代战公主，评剧《半把剪刀》中的曹锦堂、周鸣鹤、徐天赐、陈金娥、梁慧梅以及兵丁，京剧《四郎探母》中的铁镜公主、萧太后、侍卫及侍女等皆为满族造型，均是满族官服与满族民间常服，行满族礼仪，被称为"旗装戏"（图3-29、图3-30）。

京剧在中华大地上的崛起离不开时代，离不开人民。清朝末年京剧成为全国第一大剧种，京剧服装成型于清代，不可避免地带有时代的烙印。"旗装戏"也成为清末戏剧中的一个特殊表演门类。例如，《雁门关》中的青莲公主及萧太后，《珠帘寨》中的二皇娘，《苏武牧羊》中的胡阿云，《梅玉配》中的大嫂韩翠珠、小姑苏玉莲等戏中名角都着旗装。《大登殿》是《王宝钏》中的一场戏，因经常出演

图3-29 《四郎探母》（2013年中国人民大学演出剧照）　　　图3-30 《四郎探母》穿领衣的侍卫与铁镜公主（2013年中国人民大学演出剧照）

而为世人所熟悉。京剧《四郎探母》早于道光二十五年，《雁门关》出现在同治十二年。王瑶卿、梅巧玲都有穿着旗装饰演萧太后的剧照传世。

慈禧对京戏的喜爱、扶植和规范，在客观上对清末京戏的盛行起到积极作用。在推行满族化的过程中，实行"倡从而优伶不从"的策略，虽然沿用了明代服饰款式，保留了明代冠服的许多风貌，但作为在清代诞生成长的京剧艺术却不可能脱离时代的浸染和统治者的认可。三庆班主程长庚先生为了上演清代本朝戏，添置了大量清朝衣服，将最早出现在昆曲舞台上的四开衩蟒袍正式命名为"箭衣"；马连良先生制作了"箭蟒"；梅巧玲先生着旗装出演萧太后（图3-31）。这些服饰改革活动给予后人很多有益的启迪。京剧服饰吸取了宋、元、明、清历代服饰的典型特点，综合时代特色的美感，可谓继承与创新巧妙结合的典范。从京

图3-31 梅巧玲饰《雁门关》中的萧太后

剧服饰的款式、图案、绣工、制作工艺等诸多方面都能窥见满族服饰艺术的风貌（图3-32）。

图3-32 《思志诚》戏画局部（首都博物馆藏）

由于清代宫廷服饰的面料与装饰刺绣都是由南京、苏州制造的，北京故宫博物院藏有乾隆、光绪时期的戏衣，充分体现出满族文化与江浙汉族文化的融合。北方民族的服饰色彩艳丽丰富，图案造型活泼俏皮与南方人喜欢的结构匀称、绣工精致、针脚匀齐相搭配。

一、满族服饰占有一席之地

在京剧的蟒、褶、帔、靠、衣五大类服饰中，蟒、靠、衣带有鲜明的满族服饰元素。据有关人士从分析数据看，戏衣中真正有传统古装风格的有187种左右，明确为清代服饰的有18种，即箭蟒、旗蟒、靠、龙箭衣、花箭衣、镶边箭衣、团龙马褂、校尉马褂、素马褂、旗袍、旗坎、彩旦衣裤、彩旦裙、清式古装、缺襟坎肩、领衣、旗鞋、旗头。其中，明代占65%左右，清代占10%，无朝代占25%。京剧中的满族服饰多是结合剧目来进行服饰设计的，有的是直接选择满族服饰，如"旗蟒"就是直接以满族服饰出现在舞台上；有的是借用满族服饰，进行转化应用，如"靠"就是借用满族的绵甲戎服形式。有的可以窥见满族服饰的风貌，如只用在女角服饰上的"宫衣"彩带（图3-33）。

图3-33 宫衣（实物绘制）

（一）直接选择满族服饰

京剧在为清代的统治者满族人服务时，势必要为统治者歌功颂德，表现满族人的丰功伟绩，讲述满族人的故事。因此，为剧目内容服务的服装势必要选择满族服饰。"箭蟒""旗蟒"都是专用于表现戏中古代中国少数民族上层阶级贵妇的"旗装"。除此之外，还有舞台上为表现帝王贵族而选择的男女"蟒袍"，用于表现皇妃、公主在一种比较随便闲适的后宫场合的"宫装"，帝王、武将和英雄豪杰、衙役狱卒等角色都穿着的"箭衣"，京剧服饰中特有的军用行服"马褂"等也与清代帝王贵族的服饰相同。

1 蟒袍

蟒袍是以清帝王的"吉服"为蓝本，在保留明代"蟒衣"阔袖部分造型的基础上，经过戏剧装饰美化后形成的服饰，具有满族服饰的图案和形制特点。分有各种造型的龙蟒（图3-34）、进行简化处理后形成箭蟒、旗蟒、改良蟒、龙凤女蟒等多种蟒袍。各种类型的穿蟒人物，在服装上使用特定的色彩、纹样，形成一套约定俗成的为观众所熟悉的艺术语汇，以表示其身份、品质、性格的综合特征。

② 箭蟒

箭蟒是马连良先生在蟒衣基础上吸取了箭衣的某些特点后新创的服式。以箭衣的窄袖、马蹄袖口，取代了蟒服的阔袖与水袖。保留了蟒衣两旁左右开裾、大襟、齐肩、圆领等造型（满族早期日常服饰多为圆领，清后期才出现立领），如传统京剧《胭脂宝褶》中的明成祖朱棣。

③ 旗蟒

旗蟒源于满族皇后所用的吉服——朝袍，是京剧传统服装中为数不多的服饰原型之一。旗蟒成为京剧礼服后，主要用于表现古代各少数民族统治阶层的贵族妇女，没有历史朝代的特定性，被纳入程式化的轨道。《四郎探母》中的萧太后、铁镜公主（图3-35），《大登殿》中的代战公主，《雁门关》（《八郎探母》）中的萧太后及青莲公主皆着旗装。

图3-34 龙蟒—孙权   图3-35 旗蟒—铁镜公主

④ 旗装

旗装形制虽取自满族常服，但作为京剧服饰，取消了"大镶大沿"的满族服饰特点，经过删繁就简的艺术处理，只作通身刺绣花纹处理，或无纹素袍，腰身整体宽大平直的特点更为突出。立领、大襟、袖式介于阔袖与窄袖之间，袍长及足，左右开裾。旗装专用于古代各少数民族统治阶层的贵族妇女，如《四郎探母》中的铁镜公主，《苏武牧羊》中的胡阿云。

⑤ 箭衣

箭衣是四开裾蟒袍和行褂的统称。直接取材清代用于骑射的四开裾蟒袍、行褂，具有满族服饰特点，如圆领、大襟、马蹄口的窄袖，衣长及足。其属于应用非常广泛的轻便戎服，从帝王将相到英雄豪杰、衙役狱卒等角色俱用（图3-36）。戏班对箭衣的使用有着严格规定，每种类型的人物都有相应的箭衣样式。箭衣可细分为彩绣龙箭衣、平金龙箭衣、团花箭衣、花箭衣、素箭衣、布箭衣6个品种。彩绣龙箭衣一般用于帝王、武将，需绣8个团龙，腰系"鸾带"，颈围"三尖领"，如《群英会》中的周瑜、《锁五龙》中的单雄信、《穆桂英挂帅》中的杨文广。

图3-36 箭衣—戏剧武将服饰

⑥ 制度衣

制度衣性质与箭衣相似，圆领、大襟、窄袖，专用于传统神话剧中的孙悟空，如《闹天宫》中偷桃盗丹的孙悟空。

⑦ 领衣儿

领衣儿直接取材于清代服饰，折领，围在颈下，直垂于腰间（图3-37）。在京剧中象征少数民族的装饰物，多用于表现普通人物，如《四郎探母》中的辽兵、《银空山》中的兵丁。

⑧ 补服

补服直接采用清代服装样式，专用于古代各少数民族统治阶层的贵族官僚，应用范围很窄。《四郎探母》中的国舅（图3-38），《半把剪刀》中的曹锦堂知府、周鸣鹤知县的服装都是直接采用清补服样式，圆领、对襟、左右开裾，前胸后背缀有象征官位品级的方形"补子"，肥袖露出内衬箭衣袖，头戴暖帽花翎，内穿"领衣儿"。

⑨ 旗鞋

旗鞋直接从满族鞋式中取材，经过装饰、美化成为京剧靴鞋中的一员，为戏剧内容服务。

图3-37　领衣儿

图3-38　补服—戏曲《四郎探母》中的国舅

（二）对满族服饰原型略加适合戏剧性的修改

① 靠

靠也叫"甲衣"，是在清代将官的绵甲戎服的基础上经过美化后形成的京剧服饰，由靠领、紧袖口、靠肚、靠腿、靠旗组成。在京剧中为武将通用的戎服，其造型在中外服装史上极为罕见。女靠与男靠大致相同，但女靠腰下为彩色飘带，同时围云肩、系衬裙。例如，《长坂坡》中的赵云、《佘赛花》中的崔子健皆着靠。

② 马褂

马褂取素材于满族对襟、大襟、琵琶襟的马褂服饰。戏剧中的马褂对原型作了戏剧服饰处理，圆领，袖子中和了行服及肘短袖和礼服掩手的尺寸，长度及腕，露出内穿的箭衣袖口。马褂按花色分为龙马褂、团花马褂、黄马褂三个品种，形成京剧服饰中特有的军用行服。例如，《铡美案》中开封府尹的随从着此服。

（三）部分借鉴满族服饰特色

① 宫装

宫装也叫宫衣。华丽宫装衣裙相连，最具满族妇女服饰典型特点之处是袖口有"大镶大沿"的装饰；云肩周围饰以网穗；腰际以下缀有三层64条彩带；萨满巫师的神衣飘带有9长和9短，五彩布飘带的多少是神力的体现。"女靠"身上也有两层或三层的彩带装饰，同样也是为表现其神力无限所用。飘带末端呈宝剑头形，有排穗，五色相间，花纹艳丽，歌舞时飞金溢彩，衬托出人物飘飘欲仙的感觉（图3-39）。

东北地区的很多民族，共同信仰萨满教。而萨满教中有两个最具特色之处，一是萨满巫师必须要由女性担当；二是萨满巫师身上的彩带是其具有神性神力的表现。可以从满族神话中得知，彩带既表现太阳光芒，又是许愿还愿者对萨满巫师的信任，巫师身上的彩带数量直接表现为萨满巫师的神力。穿"宫装"的戏者皇妃、公主多为表现女性皇权人员，她们也同样具有至高无上的权利。

②　仙女衣

这种服饰由古装袄子、飘带云肩、飘带裙三部分组成。飘带裙是清末光绪年间创制的，据说取材于官僚家庭的妇女衬裙。仙女也是神职人物的化身，所以她身上的彩带也应具有和萨满巫师一样的神奇效应。如《天女散花》中的天女即着仙女衣。

③　坎肩

坎肩又名"紧身""马甲""背心"。短款在清代被称为"马甲"。坎肩的长短尺寸是明清比甲、背心与马甲称呼的区别点。同是无袖服装，现实生活中男性用短款，女性长、短皆用，但被采用为戏剧服装后，完全摆脱了自然生活形态，成为一种程式化的服装，男女无限制，应用面十分广泛。凡长坎肩一律称"大坎肩"，大坎肩衣长及足，短坎肩称为"小坎肩"，如《空城计》中的老军兵卒即着坎肩。

（四）与满族服饰称呼的统一性

自清代起，满族的旗装就出现了众多与"马"有关联的称呼，如"马面裙""马蹄鞋""马靴""马蹄袖""马甲""马褂"等。

"马面"是对京剧"青衣、花旦"所穿前后各有一块平整面料的"百褶裙""大褶裙"的称呼，它直接源于清代妇女服饰"马面裙"。前后两个裙片的余量打细褶统一缀在腰上（图3-40）。

图 3-39　梅派宫衣

图 3-40　幺包——戏剧旦角服饰

　　满族妇女不仅穿旗装，也穿褶裙。其一，从历史上远可以追溯到金代的女真人就有穿襕裙的记载（六幅样式）；近可追溯到北京故宫博物院对皇后、皇妃朝裙服饰的记载。其二，从满族对其他民族服饰的接纳意识上看，满族也有穿褶裙的现象，笔者更倾向满族对先祖服饰现象的延续和演化。

（五）与满族服饰艳丽的色彩习俗相符合

　　京剧服装主要由十种颜色组成，这十种颜色又分为上五色和下五色。上五色是红、绿、黄、黑、白，下五色是粉、蓝、紫、香、湖。上五色主要用于表现社会地位较高者，下五色用于表现社会地位稍低者。蟒袍的颜色继承了满族服饰大胆用色、对比强烈的装饰色彩特点，光彩灿烂，极为富丽，以上五色为主、下五色为辅，造成"一人一色"的效果，体现了京剧服装的典型艺术特点（图3-41）。

图 3-41　《唱影戏》图（首都博物馆藏）

二、具有满族装饰风格

满族是来自我国东北地区的民族，从远古起就一直生活在近江、近海、靠山的地域。从松花江的三江平原到起都建城的赫图阿拉城，先祖的渔猎生活对满族人民有着深刻的影响，帝王服上的江海水纹能表现出人们的怀念之情。继承明代官服品级差异的"补子"形式也有别于明代，体现了满族的自由风貌。蝶与凤也是满族十分喜爱的图形，在织锦底子上刺绣花纹也是满族服饰常用的美化装饰手段。京剧服饰中经常应用"八宝""八吉祥"等服饰图案（图3-42）。萨满巫师服装前心后背的大铜镜为"怀日背月"，两肩也有"左日右月"两面神镜。京剧服装肩上也绣有"日月"二字。

蟒水脚：从明清龙袍上演变而来，原来龙袍上的水纹、山纹是封建统治者特殊身份的标志，含有四海清平、万世升平的吉祥寓意；用寿山石加上万字图形来表示期盼江山万代；用尖寿山石与海水、江崖同在来表示一统江山。满族作为清代统治者以内心对江海的亲近心理，夸张性地发展了蟒水脚的江水纹样，不断提高江水纹在服装中的比例，宫廷服装与京剧服装中的蟒水脚占服装近1/3的分量，京剧中的蟒水脚有立弯水、直弯水、立卧三江水、立卧五江水、全卧水套江崖等，使用时要根据人物身份、角色而定，要按定制讲究选择相应的蟒水脚来使用。

锦上添花：京剧服饰中也应用了满族服饰的另一特色，即在提花面料的底子上再刺绣花纹，形成花纹叠落的形式。京剧服装根据剧情设计了与人物剧情相符合的图形纹样，使用了大量适用于舞台效果，远距离观看的通身图案、团花图案、边缘图案，而这些图案无法由提花织物直接织造，需要在面料上进行二次绣制。京剧服装常选择在具有规范图形的面料上，刺绣随心所欲的自由花纹，形成多层次的图形

图3-42 《刘赶三》戏画的局部

色地。作为京剧中直接表现的满族人物剧装就需要应用更多的满族服饰装饰手段，京剧服饰同满族生活服装一样，会在袖、摆、襟、衩口处镶嵌多道花绦。很多刺绣团花图案看似规范统一，实际上也是各不相同。

蝶飞凤舞：不论在满族宫廷服饰上，还是在民间服饰上，最常见的纹样就是蝶草。宫廷服饰上常见彩蝶翻飞、凤凰起舞。这些随意排列、上下飞舞的蝴蝶、兰草、折枝花等最能表现满族人自由、豪放的性情。金代出土的蝴蝶纹样额巾，风格与满族服饰的蝴蝶图案极为相似。凤凰图案本是女性的象征，满族接纳了这个图案的意象，并不断发扬光大，在满族贵族妇女的服饰上经常可以看到凤凰纹样。京剧中贵族女蟒、旗蟒服饰上的龙纹变成了凤纹。

三、具有满族刺绣特色工艺

满族的古老生活方式依然遗留在现代的服饰装饰之中。渔猎时所用的鱼皮、兽皮剪贴补缝图案，演变成今天的控、补绣充填后的加垫绣；先祖善用兽筋的贴线绣结合江南绣艺演变成今天的"盘金绣"。清代宫廷服饰的刺绣多源于苏州，而京剧的服饰刺绣也多源于苏州。将宫廷服饰与剧装相对照，也能看到彼此相似之处。京剧服饰在制作方面大量保留了此种工艺，甚至很多制作剧装的匠人也为宫廷制作服饰，就像人们平时说过的一句话"穿得跟唱戏的一样"。从现代人的身上也能看到这种戏台服饰出现在生活当中的现象。

在剧团演出中，有很多服饰直接源于生活服饰。民间服装自不必多说，就是宫廷服饰也会有借用真实物品的情况。据悉在20世纪60年代前，为了出演《半把剪刀》，曹锦堂和周鸣鹤的补服就曾直接借用沈阳故宫博物院的补服。

（一）盘金绣

盘金工艺在针法上长时间保持传统方法，并不曾改变。其方法是用真丝线将金线钉在需要的部位。盘金也有很多种方法：勾金是在平绣纹样的边缘依样勾盘圈钉金线；积金也叫织金，在图案处依次一排一排大面积平铺钉满金线；补金则是在绣有图案的空隙处用不规则的金线返盘旋填补；叠鳞是盘叠龙、鱼鳞片的特种针法，是盘金工艺中最难的针法之一。

（二）绲荡镶嵌

与农耕民族相比，渔猎民族最擅长的就是拼接工艺，即将小块的兽皮、鱼皮连缀成所需的制衣材料，满族在后来的服饰中变化应用了此项工艺技术，在袖口、门襟、衩口等多处应用拼接工艺，镶嵌异色的布料；或是在布料上补缝各色花边绦子。京剧在制作旗蟒、旗装等服饰时也大量使用了绲荡镶嵌工艺，使满族服饰工艺得以保留和传承。

四、戏剧成为满族服饰最后的栖息地

今天已经很难在日常生活中看见那些"大镶大沿"的旗装，满族服饰好像随着清代彻底消失在历史长河中，即便是那些纪念活动中的新"旗装"也华而不真。其实不然，在世界所熟悉的中国戏剧中仍有大量满族服饰。在图案、配色、刺绣、工艺制作乃至一些穿着方式上都大量保存了满族服饰的艺术特色，这为进一步研究、开发满族服饰，破译未解之谜，提供了原生态形象。

京剧作为一个世界瞩目的艺术品种，程式化服饰可谓是一个巨大的艺术宝库，京剧中满族服饰还有很多需要继续探究的问题，不是寥寥数语就能说明白的。京剧中保存了大量的满族习俗。例如，演员钱宇珊在2017年台北星光三月推介京剧活动中，介绍了京剧中用榆树皮梳头的打理方式（图3-43），这与满族大拉翅的打理方式一致。先将榆树皮剥下后干燥备用，使用时再将榆树皮用热水浸泡，抓出黏液，以其树胶水梳发塑型，这便是古代的天然发胶。通过对京剧服饰与满族服饰多角度的比较、分析与考察，可以清楚地看到很多满族服饰艺术的印记，满族服饰中许多传统工艺正是借助京剧艺术保存至今。

图3-43　用于京剧梳头的榆树皮（中国台湾京剧演员钱宇珊藏）

第四节　发型与头饰

　　满族发式是满族民俗谜团最多的地方，田野考察、资料查阅只能得到民间的发式造型，却无法得到准确答案。女真人皆留辫发，《大金国志·男女冠服》载：金俗好衣白（男子）辫发垂肩，与契丹（图3-44）异。（耳）垂金环，留颅后发，系以色丝。富人用金珠饰。妇人辫发盘髻，亦无冠。女真男子梳双辫垂肩，妇女用帕裹发，"罗帕垂弯女直妆"（元末明初杨维帧诗句）。满族长篇英雄传说《两世罕王传》《萨大人传》、史诗《乌布西奔妈妈》、长篇口头遗产传统说部《东海沉冤录》、创世神话《天宫大战》都讲述了一个体系完整、各有司掌300人的萨满女神。满族神话不仅是祭祀的思想核心，更为民族精神文化的源头。许多重要民俗只有在这些女神身上，才能找到渊源。

　　满族男女发式在未成年时基本相同，成人后各不相同，有着非常鲜明的民族特点。与女性发式相比，清代男性发式比较单调和统一，都是在脑后梳长长的辫发。在清末割掉辫子之前，男性基本一直沿袭传统发辫式，在近300年间的清代历史中几乎没有什么改变。而女性发式种类名目繁多，尤其是婚后发式的改变比较大，更加时尚多变。为此，笔者将男女发式分成几个部分进行研究。

图3-44　契丹族发型图（呼伦贝尔民族博物馆藏）

一、满族的婚前发式

满族未婚时所梳辫发会根据年龄有所区别。幼年时期，男女发式相同，儿童发式中有着非常明显的"髡发"特点。从杨柳青大量儿童形象中，能够很清楚地看到不同造型的"髡发"。"髡发"中保留头发的部位不同，可以分成前、后、顶、侧，基本成"点"式造型。女孩不留花样，男孩在头上留各种花样。先留"烙铁印""歪毛"，由此在两边扩充为"银锭""锅圈儿"。五六岁时，发长已成"码子盖"，再用绒头绳梳个小辫，五个的为"梅花辫"，六个的为"王八辫"。"王八辫"是指将儿童寸发前后分扎成6缕如龟状。七八岁时，再将几个小辫分编，归总为一小大辫，然后梳双辫、单辫。女孩较少留孩儿发。八九岁时，即要起始留头，先留后发，再留前发。十岁前后梳抓髻，男孩在脑后打抓髻，梳牛心纂；女孩抓髻有单双之分，单抓髻名"倒打锣"，梳于头顶，双抓髻在头顶两旁骨尖上。抓髻紧而美观，常将辫发编为四股三编。

图3-45 女辫发（1904年）

庄绰《鸡肋篇》有一段记载："燕地（金）其良家世族女子，皆髡，许嫁方留发"，民间称"留头大闺女"，女孩未出嫁前不许剪辫子。入关后，仍保持此女真旧俗。在著名古典小说《红楼梦》第七十一回里有这样一段描写："凤姐并族中几个媳妇，满溜雁翅，站在贾母身后侍立……台下一色十二个未留头的小丫头，都是小厮打扮"，说明乾隆以后即存此俗。

十三岁，女孩子待至成年待嫁时期，方才蓄发，头留满后梳成单辫（图3-45）。日本青木正儿在《北京风俗图谱》中绘有在鬓角加梳红绳抓髻，其名为"女片缵（音zuǎn）"（中日文中尚未查到这个字的读音。但从东北对发型的称呼，发音应为"转儿"的儿话音，暂以"缵"替代）的单辫。在年画图像中也能看见这种女性发型。

Sonqoho，满语是辫发，发音近"舜秋厚"，大辫子。无论男女，辫发都是Sonqoho。女性单辫发式也有很多（图3-46）。旧京《醒世画报》曾提到过"大松辫"，并提供了不同辫发造型。女孩"大松辫"与男性辫发不同的是留有齐眉额发，称为"刘海儿"。先在肩部将头发扎上一段2寸（约7厘米）长的发绳，然后把剩余的头发编成辫子。有的发式同男性发式一样，直接把头发编成辫子，在发梢加

图3-46　女辫发型

入各色丝穗，尽量延长发梢达小腿中部。《宫女谈往录》记载慈禧初入宫时和许多秀女装扮一样"脑后拖着条乌油油的大辫子。辫根扎着二寸长的红绒绳，辫梢用桃红色的绦子系起来，留下一寸长的辫梢，蓬松着垂在背后。右鬓角戴一朵红色的剪绒花，额前整齐的齐眉穗盖住宽宽的额头，白嫩细腻的脸颊像一块纯净的玉"。《白毛女》中的喜儿，《红灯记》中的铁梅都梳此辫发。女子梳辫，以三股紧编，上加辫根为正格，所用头绳辫穗，也必力趋正色，简而不华。有梳五股三编，松辫根的，民间有言其人必无家教，一望即可鉴定无差。

16～19岁，从订婚"过大礼"这天开始，姑娘每天要练习把长辫改成梳头髻，俗称打抓髻，也叫上头，如果说谁家的女儿"上头"了，那就是说已经订婚了。

二、满族的成年男性发式

众所周知，历史上的满族成年男子皆梳辫发。满族男性完全继承了女真人的旧俗，《三朝北盟会编》卷三记载："妇人辫发盘髻，男子辫发垂后，耳垂金环，留脑后发，以色丝系之，富者以珠玉为饰"。满族男性成年后的发式与契丹有别，改梳辫发（图3-47），而不是像契丹髡发一样延续少年发式。

图3-47　《阿玉锡持矛荡寇图》局部（中国台湾博物馆藏）

（一）金钱鼠尾

男性发式梳理形式有两种，一种是向下垂梳，脑后的余发从肩部开始被编成辫子；另一种是普通百姓为了方便劳作，梳理好辫发后再环绕盘在耳上的头顶，或缠绕在颈项处。自成年后留发结辫开始，终老不改。

从历史画片中可见，清中期以前的满族男性发辫被喻为"金钱鼠尾"（图3-48），发辫崇尚短细，鬓发只留后脑处一绺辫发，发辫的粗细仅可穿过铜钱的孔洞，从后面看酷似一条小蛇。始绘于1764年，终于1776

图3-48 金钱鼠尾的发辫

年的《乾隆南巡图》中官员的发式均为细辫，头后少见长辫。女性也是束发高绾，或加梳燕尾儿，少有装饰，跪地命妇头戴花钿。

（二）拖地长辫

从英国约翰·汤姆逊于1872年拍摄的中国社会照片看，几乎是与女性大拉翅发型同时，满族男性长发辫拖地，发际线在后脑，离耳后还有一定距离，从正面可看见后脑一圈顶发，头顶的头发被剃掉，露出皮肤，形成鬓发。美国的萨拉·康格（Sarah Pike Conger）在她的《北京信札》中展示了1898～1905年中国满族的男女服饰，从其中的一幅照片中，可以窥见满族男性头发在梳理前的状态（图3-49、图3-50）。

图3-49 编梳男发

图3-50 1905年前的男性发型

（三）辫连子

满族梳理拖地长发辫，还会在发梢处编入三股线穗，称"辫连（连，读平声）子"。辫连子作为发梢装饰品，同时可以尽量延长发辫的长度，最长的发辫长度几乎可以及地（图3-51）。辫连子一般为男用黑色穗，女用红色或加配五色丝线，并坠以珍珠、宝石、金银坠角为饰，既可以限制辫子随意摆动，又可以显示豪富和尊贵。贫民长发盘头时，辫连子还可用于固定发辫。

在清王朝统治期间，不仅满族男子要梳理这种辫发，而且所有异族男性都必须梳理这种发式。所以，清王朝统治期间的男性从发式到服饰都在沿用满族习俗，直到1911年辛亥革命时期，男人才革掉辫子（图3-52）。溥仪自1919年接受英国庄士敦教授英文、数学、世界史、地理等西方文化后，在《我的前半生》中记载了1922年春剪辫一事。

图3-51　发长几乎及地的辫连子（源自《醒世画报》）

（四）满族为何梳留辫发

满族男性辫发，一直没有明确的记载。或许是过于熟识，以至让人们忽略记录梳留此发的缘由。曾有学者从满族接受佛教出发，借助佛家剃度和俗家弟子角度，推测"佛珠""老佛爷"等称呼的由来。他们认为，辫发是满族崇拜佛

图3-52　1911年辛亥革命在街头被剪辫子

教的表现，该发式有俗家弟子虔诚之心意。但又有人提出满族辫发可以远溯到金之前，秉承元的髡发，满族接受佛教应在辫发之后。另有说劳作需要梳留辫发、盘头是为了便于丛林狩猎。但满族早期仅留后颅辫发的金钱鼠尾，不仅没有足够发量梳留拖地长辫，更无法完成盘头绕颈。即便后期，贵族男子也不会把辫发绕盘在头顶。

（五）寻找满族男性辫发的依据

笔者尝试从满族先祖神话中寻找男性髡式辫发的依据。Sonqoho满语是辫发，Amba sonqoho满语是大辫子。Xun amba mama舜安波妈妈，也有译成"Xun enduri顺恩都哩"，是太阳尊母、日神、太阳神。她的灵魂化作蟒蛇身。民间以"九尺为蟒，八尺为蛇"为区分，小蛇是她的后代子孙。

辫发，不是满族男性的专有发式，但男性的辫发成为世界瞩目的焦点。

1 太阳神舜安波妈妈的长发

舜安波妈妈是满族神话里一位重要的自然女神。舜安波妈妈，即太阳尊母，身披光毛火发，毛发有九天那么长，光线能一直垂到大地。她让神鹰妈妈哺育她成为神威天敌的大萨满，所以，女萨满是太阳的女儿，神鹰是其乳娘，女萨满身上的镜饰便是太阳光毛火发的闪现。它的光毛能照化大地，也能让大地燃烧。

神谕中称蛇是太阳的光，一条一条的光线照在地上，像一条一条长蛇降到地上。

在2007年由吉林人民出版社出版的《乌布西奔妈妈妈》"找啊，找太阳神的歌"一节中有一段关于太阳光芒化成蛇神的描写：乌布西奔谢过神龟，动鼓召请海峡大神梅赫姑音。她是太阳光芒化成的蛇神。有太阳一样的纯真，有太阳一样的苛峻。乌布西奔昵称梅赫妈妈，用凫血涂容，象征脸戴生机玛虎，赤脚裸胸，摇晃躯身，翘首仰动，匍匐踊行，柔软的体魄可弯入胯下，仿佛游蛇，维肖惊神。

2 太阳神与蛇和发辫

中国台湾地区的台中科学博物馆中的复原鲁凯人部落居屋前的图腾石刻图形，生动描绘了蛇、太阳、发辫。鲁凯人与满族先祖一样共同信仰原始宗教，敬奉百步蛇。鲁凯人的蛇图腾与居大陆的满族嬷嬷蛇神梅合的形状有着难以言表的相似性（图3-53~图3-55）。

图3-53　2018年鲁凯人图腾石柱（台中　　图3-54　鲁凯人图腾石柱　　图3-55　满族剪纸蛇神梅合（《萨满萨满》插图）
科学博物馆藏）　　　　　　　　　　　　单线图

③ 绳子嬷嬷

　　Futa mama，佛塔嬷嬷，即绳子嬷嬷，在满族语言中，将细长形状称为条子，将花边称为"绦子"，将用于盘扣的绳子称作"打条子"。与其类似的还有索利嬷嬷。索利，子孙绳，即是绳子的意思，指长条形、子孙的意思。内蒙古学者塔娜先生对绳子嬷嬷、索利嬷嬷做深入研究时，给出了依据一个民族宗教信仰的符号答案，即绳子嬷嬷（女神）源于蛇崇拜。长虫、蛇，在萨满中是太阳神的化身（图3-56）。

图3-56　19世纪20年代乌德赫人鱼皮萨满护腿图案

④ 萨满中存有长发辫神偶

　　《鄂伦春族萨满教调查》一书中记有"海底女神吉姆吉嬷嬷，长有修长的青发，指导渔民探海"。在萨满仪式里有一个"库力斤布堪"神，即是用野草编织而成的带有长尾巴的人形神偶。"库力斤布堪"神原是长着三丈长尾巴的美女，她聪明、贤惠。后嫁给一个心地善良的瘸子，丈夫心眼太实，将她长尾巴的秘密告诉了别人。"库力斤布堪"神受不了流言的压力，自杀身亡。丈夫愧疚，也投河自尽，人们常听见她在山林中唱悲歌。制作神偶用长在河边的"须列草"，长尾巴先绕脖子一圈，再缠住腰身，只留点尾巴在外面。这和满族将长辫绕颈的习俗相近。

世界各民族的太阳神都是男性，这也为萨满女性向男性移权提供了方向。因此，是否可以推测，满族男性不论是"金钱鼠尾"，还是蓄留拖地长辫，都是在模仿蛇，模仿太阳神，最终形成男性特殊的髡发造型。当男性拖长辫行走时，其辫发的摆动更似蛇行姿态。由此可以感受到满族在吸纳元朝人髡发特点的同时，也加入了自己本民族的宗教信仰，以及对太阳神的崇拜。满族既然有理由用"大拉翅"模仿"雄鹰的翅，用长指甲模仿鹰在抓"。我国蒙古族萨满神衣、俄罗斯图瓦人萨满神衣上就明显留存有画眼、绣眼的蛇样飘带。萨满神帽、神裙、生活中女神帽后的剑状长飘带，也可以是蛇样飘带的变形，依旧是象征给人间送来光明的七彩太阳神光（图3-57、图3-58）。

图3-57 器物盒上的嬢嬢人形图（沈阳锡伯族博物馆藏）　图3-58 谷物桶局部蛇纹（台湾大学人类学博物馆藏）

三、满族已婚女性的发式

在我国悠久的历史中，女性发式造型非常丰富，种类繁多。但是满族女性发式与我国历代女性发式不同，非常具有独特性。从已经掌握的发型资料看，还有很多不知名的发型。满族女性民间发式梳理方式简单，但规矩要求颇多（图3-59）。已婚女子出嫁至婆家的当日或次日下地前，要将辫发改梳成绾髻，俗称"上头"。汉族发髻在颈后，满族发髻在头顶。发髻的样式和名称很多，《北京风俗图谱》中标有15种发型，在满族女性中出现有"架子头""蒙古旗头""两版头""旗座""扇面头""平三套""马尾攒"等发型，此外还有"两把头""叉子头""高把头""高粱头""大盘头""大蓬头""老样子"等发型。公众熟悉的是影视剧和媒体中的"两把头"和"大拉翅"。

梳旗头发髻者多为满族上层妇女，普通人家只是在婚礼时才梳此发式。早期用真发梳旗头时不仅需要别人帮忙，还要蘸榆树皮泡的水梳理头发，以便定型和保持头发整齐黑亮，每次都要花费很长的时间。由于头顶发髻和脑后"燕尾儿"（尾发）无形中限制了脖颈的随意扭动，不能随便前俯后仰、左顾右盼，不能随便躺卧倚靠，只能直着脖子坐立行走，使女性走起路来格外端庄。这些方式依然保留在京剧发型梳理中。

（一）两把头

嘉庆、道光年间的"两把头"是将头发全绾在头顶，用绳分束两绺，长10～17厘米，垂于脑后，略呈八字形。咸丰、同治以后，由竖垂演变成横卧头顶，再将后面的余发绾成一个燕尾式的扁髻，压在后脖领儿上，按两侧的发髻长短分"紧翅""拉翅"两种（图3-60）。

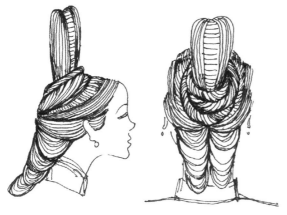

图3-59 宣统元年（1909年）北京民间的满族发式（源自《醒世画报》）

图3-60 1876年的藏区满族人

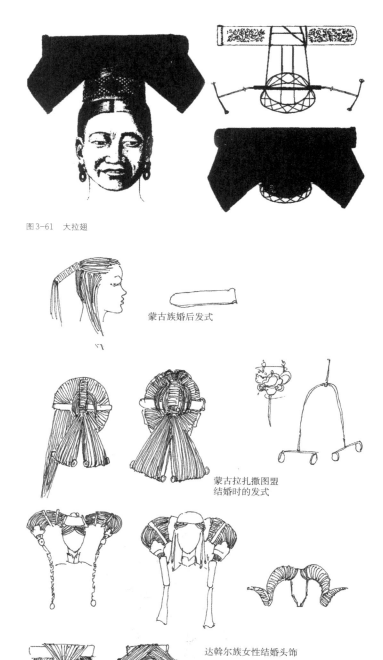

图3-61 大拉翅

蒙古族婚后发式

蒙古拉扎撒图盟
结婚时的发式

达斡尔族女性结婚头饰

图3-62 满族与蒙古族的不同发型

（二）大拉翅

"大拉翅"，字有不同，皆为音译，蒙古族语意为"雄鹰的翅膀"（图3-61）。在《北京风俗图谱》中被标注成"蒙古旗头"，也有称"大京样""大翻车"等。据说是在"两把头""如意头""一字头""软拉翅"的基础上，越梳越高，以至于要加青纱或绒、缎装饰的头架和假发，正面饰花，侧面饰穗，盛行于光绪、宣统年间。因是在北京流行的样式，所以又称"京样""宫装"。对于日常发式，满族妇女都自己梳头，梳得不好就会遭到他人耻笑，所以即便是宫中妃嫔也要自己盘梳，伺候梳头的"妈妈哩"只是搭搭下手而已。用自己的真发梳好以后，再戴假发头架，或是直接梳成其他样式旗头。

从笔者采集的旗头样板看，梳理方式有所差异。有的在发髻上扎一段发绳后再散开盘梳，这与《蒙古头饰》调查中所介绍的梳理方式一致（图3-62）。

（三）燕尾儿

将脑后预留的头发梳成扁平的发髻，下端修成两角，好似燕子尾巴，垂于颈后，长及衣领，名谓"燕尾儿"（尾儿，发音：yǐ'er，儿话音）（图3-63）。聪明能干的媳妇会梳"尖尾"，而懒惰的媳妇则常常是"秃尾"。清人得硕亭在其风俗组诗《草珠一串》中云："头名架子太荒唐，脑后双垂一尺长"，诗下自注："近时妇女，以双架插发际，绾发如双角形，曰架子头。"

此外，还有一种在脑后预留头发的扁平翘发"鹊尾头"。

图3-63　大拉翅的燕尾儿

（四）团头

团头是满族普通中老年妇女日常所梳的发式。一般劳动妇女，只把头发绾至顶心盘髻。头发多的老年妇人，就梳成一个简单的扁球形圆发髻；头发少的老年妇人，则在头顶拧成螺旋式发髻，民间称"牛粪卷儿"。这种盘法流传至今，在东北农村中仍可看到（图3-64）。

图3-64　吉林满族发型

（五）旗座

在《北京风俗图谱》中有一个标注"旗座"、不为大家所熟悉的高髻发型（图3-65），它侧面的造型酷似"鸦鹊"。

笔者过去一直没有查阅到与该发式相对应的称谓。年轻媳妇把部分头发在头顶绾成"头座"后，再将余发向上，组合成一个扁圆形的

图3-65　满族高髻发型

图3-66　旗座（源自《醒世画报》）

高发髻，脑后仍梳"燕尾儿"，有的还在发髻前插一金钗，酷似鸦鹊。在杨柳青传统年画《母子图》和宣统元年间出版的第四十五期反映老北京生活的旧京《醒世画报》中，也可常常看到这种普通市井妇女的发髻（图3-66）。

从人们多以"象形"角度命名的习惯来看，熟知的"叉子头""高把头"应指此类发型。但现有文字材料多将"叉子头""高把头"与"两把头"相连。据悉，高把头主要流行于仆人间，是将全发绾于头顶后，用绳系成细而短的两把，支以铁叉如双角，呈朝天马镫形，有燕尾儿，与未解发式有很大出入。

在清代诗词人的作品中也能看到描写"盘鸦"发髻的文字。清代诗人黄遵宪在《新嫁娘诗》中描写道："髻云高拥学盘鸦，一抹轻红傍脸斜。不识新妆合时否？倩人安个髻边花"；清代名家徐汉苍的"朝霞山顶看朝霞，五色霞明帝女家。湖上女儿十五六，一时照水学盘鸦"；近代吴士鉴的《清宫词》："义髻盘云两道齐，珠光钗影护蜻蜒。城中何止高于尺，叉子平分燕尾低。"该诗有注云："宫中梳髻，平分两把，谓之叉子头。垂于后者，谓之燕尾"；清人玉壶生的《厂甸竹枝词》："假髻横梳两翅张，飘飏燕尾乌油光。牌楼休进人稠地，误撞真成坠马装。"其下注云："南人呼北人两把假头为牌楼，笑其既高且大也"；清人魏程搏的《清宫词》："宝髻横梳北满装"，注云："宫妆昔横髻。"徐珂在《清稗类钞·服饰类》"大内之服饰"条曰："后、妃、主位以及宫眷之常衣，皆窄袖长袍，髻作横长式，可尺许，俗所谓'把儿头'者是也。"

诗人词客对女性美发都赞不绝口，笔下青丝常被誉为"春云""乌云""绿云""堆云""云鸦"等。唐末宫中已经有"盘鸦""坠马"的发髻形状。广东经典粤曲徐柳仙的平喉《梦觉红楼》中有"诮盘鸦，嘲堕马，改换六朝宫样，舞仙衣，咏霓裳，半拈裙带好结连理双双"。

结合后面所述满族头饰戴大花朵的习俗，满族妇女用"大拉翅"发髻模拟

"雄鹰的翅膀"，用"旗座"模拟鸦和鹊。

鹰与鸦鹊女神是萨满教中最有代表性的灵禽崇拜。鹰祭，为世居白山黑水地域的满族及其先民沿袭下来的古祭。乌鸦与喜鹊同是女神阿布卡赫赫的侍女。在洪水神话《白云格格》中，群鹊求天神的三女儿白云投下青枝，拯救和繁衍了大地上的生灵万物，成为人类的恩神。史诗叹咏"要学乌鸦格格，为难而死，为难而生"，表明鸦鹊在人们心目中的崇高地位。

（六）民国以后

从约翰·汤姆逊的影像记录来看，满族女性的发髻不再梳贵族的大拉翅，而是向上做空心卷（图3-67、图3-68）。

图3-67　1906年的满洲妇人

图3-68　《压岁钱》局部（民国时期年画）

四、满族头饰

满族男性头发上的装饰很少。满族女性头发上的装饰主要是各类花朵，其次是簪钗类。满族进关以后，受汉族影响，在头饰上就更加讲究，如大耳挖子簪、小耳挖子簪、花针、排杆以及压鬓针等。

满族妇女头饰中不可缺少的一种叫大扁方。所谓大扁方，是一根约2.5厘米宽、30厘米长的大横簪，贯于发髻之中。满族上层妇女的发髻上，往往还戴有一顶形似扇形的冠，一般用青素缎或青直经纱或青绒制成发冠，俗称"旗头"，是

图3-69 《唱影戏》图局部（首都博物馆藏）

由发髻夸张演变而得的代替品（图3-69）。平民妇女在结婚时以此作为礼冠，戴在头上，颇有汉族凤冠霞帔之意。清人文康的小说《儿女英雄传》第二十回写十三妹初见安太太一段，对安太太的头饰做了一番仔细的描述，可作为佐证，"头上梳着短短的两把头儿，扎着大壮的猩红头把儿，别着一支大如意头的扁方儿，一对三道线儿玉簪棒儿，一支一丈青的小耳挖子，却不插在头顶上，倒掖在头把儿的后边。左边翠花上关着一路三根大宝石抱针钉儿，还戴着一支方天戟，拴着八颗大东珠的大腰节坠角儿的小挑，右边一排三支刮绫刷蜡的蠹枝儿兰枝花儿"。这是清代中期以后，满族官宦妇女的典型头饰。

（一）草纸花

据《扬州画舫录》记载，扬州通草花，清乾隆时辕门桥象生肆中均有制作，到民国时仅用作头戴花。通草花是将通草的内茎趁湿时取出，截成段，理直晒干，切成纸片状，纹理细软洁白，可塑，可画，可染色。通草花，质地柔和，色调秀雅，可与真花媲美。

满族女性梳头时一般将大花朵装饰在旗头的正中央，称为"头正"。再选用小花分插在旗头两端，称为"压发花""压鬓花"。除了用大朵的通草花进行装饰外，还用许多小绒花点缀。满族女性偏爱小朵绒花。借汉语"绒花"与"荣华"的近音，求谐音吉祥，即有荣华富贵之美意。满族不仅在婚礼庆典上要佩戴绒花，而且一年四季都喜欢佩戴。此外，还有绢花、绫花。应时季节佩戴应时花朵：立春日戴春幡，清明日戴柳枝，端阳日戴艾草，中秋日戴桂花，重阳日戴茱萸，立冬日戴葫芦阳生。现在天津地区婚礼的来宾还会使用红绒花（图3-70）。

图3-70 红绒花

　　东北地区的满族妇女有旧俗在头髻里插一个精巧的小瓶，内装清水，插上一些鲜花，生机盎然。朝鲜文学家朴趾源在《热河日记》中记载满族妇女"五旬以上，犹满髻插花，金钏宝珰""年近七旬，满头插花"，即使"巅发尽秃，光赭如匏"也"寸髻北指，犹满插花朵"。

　　《萨满教与神话》一书中记录了1937年白蒙古老人所讲的满族民间传说《天宫大战》九腓凌（满语，即回或次序之意）中的七腓凌"世上为啥留下竿上天灯？世上为何留下爱戴花的风俗？"

　　"……正在这大难的千钧一发之际，在白鹅筋绳拴绑的阿布卡赫赫眼泪溪流旁，住着者固鲁女神们""她们在溪河旁知道阿布卡赫赫被绑，天地难维，便化作了一朵芳香四射、洁白美丽的芍丹乌西哈（芍药花星星），光芒四射。九头恶魔耶鲁里一见这朵奇妙的神花，爱不释手。恶魔们争抢着摘白花，谁知白花突然变成

图 3-71　不同旗头的满族女性

千条万条光箭，射中耶鲁里的眼睛。疼得耶鲁里闭目打滚，吼叫震天，捂着九头逃回地穴之中。阿布卡赫赫被拯救了，天地被拯救了……后世人们头上总喜戴花或带头髻插花，认为花可惊退魔鬼。人们戴花、插花、贴窗花、雕冰花，都喜欢用白芍药花。雪花，也是白色的，恰是阿布卡赫赫剪成的，可以驱魔洁世，代代吉祥"。

民间传说中讲述，者固鲁（刺猬神）女神身上的光衫是日月光芒织成的，锋利无比，可使万物万魔双目失明。她曾化作一朵白芍丹乌西哈，变成千万条光箭，射中九头恶魔眼睛，拯救了天地。可见在发髻上带花，不仅是满族妇女的美化装饰，更多是蕴含插花、戴花可以祈祷平安的民俗意识（图 3-71）。

（二）穗子

在簪头顶垂下彩线丝穗、珍珠串穗，其形制和功能上与步摇如出一辙，"步摇者，贯以黄金珠玉，由钗垂下，步则摇之意"。簪顶端有各种样式，如凤头、雀头、花朵、蝴蝶、鸳鸯、蝙蝠、如意等，形成"彩凤双飞""丹凤朝阳""凤穿牡丹"等吉祥纹样，从顶端到穗梢较长的可达 28 厘米，珠穗下垂正好与肩膀平齐。下垂小珍珠长串，有一层、二层、三层不等，以各种宝石坠角。从装饰盘发的角度上看，长穗应是已婚女性的装饰品，戴双侧或戴单侧没有限制。

对于旗头两边上的垂穗也有传说可查，《萨满教女神》一书中介绍说："满族将苏勒干乌西哈女神作为女孩聪明智慧的源泉，所以在祭奠完这位女神后，女萨满要给族中女孩衣襟上别上智慧美丽的吉祥物——红穗，然后带到火秋千上。"

（三）簪钗

簪子是许多盘发妇女都非常喜欢的头发装饰用品，在固发的同时还能满足美感的需要（图3-72）。民间主要使用骨质的"骨头簪子"。簪子为单梃，10～13厘米长，头尖尾粗，在簪尾处进行装饰纹样的处理。簪子分为两类：一是为固发所用，二是为美化所用。固发的簪子在讲究材质硬度的同时，还要求材质的韧性；而装饰用的簪子则无须考虑韧性。后妃戴簪有季节性，冬春为金簪，立夏为玉簪。

钗与簪的用途相似，都是盘发必不可少的首饰，有双梃、三梃之别，比簪更有固发作用，最为常见的是"凤头钗"。把没有任何装饰的素钗子叫"插子"，质地多为金属，"荆钗布裙"中的"荆钗"就是指最为简单的钗子。

簪、钗头的装饰纹样非常丰富，多取吉祥寓意，名目繁多，像喜鹊登梅、五蝠捧寿、万年吉庆等，图案雕刻精细、玲珑剔透。

满族头饰可谓是"头重脚轻"。

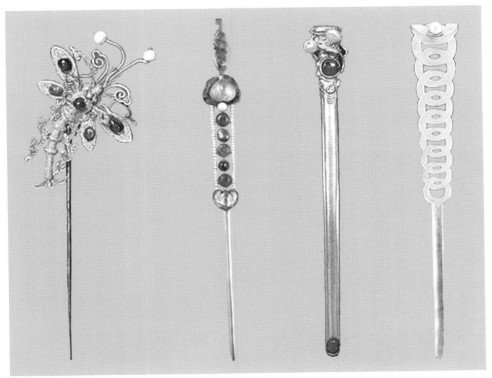

图3-72　宫簪（北京故宫博物院藏）

五、男女帽饰

　　帽，满语，玛哈，满族没有"二十始冠"之说，所以不分男女长幼，一年四季都可戴帽子。礼帽一般为拜客、行礼仪时戴，分冬秋暖帽（图3-73）、春夏凉帽。满族在清代时期的帽式非常多，也有承宋明帽制。据《建州闻见录》所载，满族在辽宁新宾老城时是"寒暖异制，夏则以草结成……冬则以皮毛为之……顶上皆加以红毛一团为饰"。后来礼帽上的红缨应是女真古俗的承袭。《儿女英雄传》中"只见那老头儿……毂种羊帽，四两重的红缨子，上头带着他那武秀才的金顶儿""头戴一顶自来旧窄沿毡帽，上面钉着个加高放大的藏紫菊花顶儿，撒着不长的一撮凤尾线红穗子"。

（一）便帽

　　便帽中有"四喜帽"，也称"四块瓦""耳朵帽"。其用四瓣合缝，无檐，平时将左右两侧帽耳朵卷起，外出时则放下，质地多为皮毛或毡料，亦为冬暖帽。徐珂在《清稗类钞·豪侈类》中记："四块瓦，即便帽中之拉虎也，以其上分四块，如瓦形，故以为名。下垂短带。普通多用熏貂，佳者值三十余金。"

　　六合帽，又称为"小帽子""六合一统帽""瓜皮帽""秋帽"，相传是承明制，为满族官民日常家居所戴帽式（图3-74）。此帽上锐下宽，缀沿如筒，底边多镶1～3厘米宽的小檐，或用片金（织锦缎）包窄边，帽前端钉玉、珊瑚、金银或翠

图3-73　贵妃冬冠（台北故宫博物院藏）

图3-74　六合帽（私人收藏）

饰物，帽顶有一个大红疙瘩，俗称"算盘结"。清初是圆顶，后来有平顶、尖顶。帽子有软硬内胎之分，圆顶和平顶的帽子都是硬胎。制帽材料用纱、缎、绒等。清《竹枝词》中有："瓜皮小帽趁时新，金锦镶边窄又匀。"时尚的八旗子弟还在疙瘩上垂下一尺多长的红丝穗子。

（二）坤秋帽

坤秋帽，也称"困秋帽"。坤秋是满语的音译，是光绪、宣统以前男女老少多在秋冬季节里戴的皮帽子。其样式为圆顶，帽身没有拼接，为一块布所围，帽檐寸宽，多用红色、蓝色、紫色或绛色缎子为面料，帽顶中心缀珠饰，四周皆用皮毛翻檐上仰（图3-75）。清代学秋氏的《续都门·竹枝词》中有："店中掌柜爱风流，便帽于今也困秋。"男、女帽子上的装饰物品不同。女帽顶部不用珠饰，而是钉两条二尺多（约70厘米）长、上窄下宽角锐的飘带，颜

图3-75　坤秋帽（沈阳故宫博物院藏）

色材质与帽顶面相同，飘带上的装饰也与帽顶盖花的样式相同，帽顶盖花有镶嵌珍珠的，飘带上亦穿米珠相衬，还有在飘带上缀有各色丝线穗子为装饰。清崇彝《道咸以来朝野杂记》载："妇女……冠则戴困秋帽，与男冠相仿，但无顶、无缨，皆以粗绣为饰。后缀绣花长飘带二条，此冬季所用者。"

（三）钿子

钿子，覆箕式冠，是一种镶金珠翠玉的平顶帽套。1986年中国台湾出版的《中华五千年文物集刊·服饰篇（下）》介绍钿子源于金代老妇人的玉逍遥，为八旗女性穿彩衣时搭配所戴。清代福格《听雨丛谈》载："八旗妇人彩服，有钿子之制，制同凤冠，以铁丝或藤为骨，以皂纱或线网冒之……此与古妇人冠子之制相似也。"钿子，以铁丝为骨胎，网以纱，或用黑绒或红绒制成，上饰各种珠翠（图3-76）。

图3-76　凤钿（北京故宫博物院藏）

钿子，前面饰有流苏称凤钿，以钿花的多少为半钿或满钿。钿子有凤钿子、花钿子、素钿子之分。花钿子镶嵌点翠珠石，素钿子光洁无装饰。盛装时流行佩戴大髻簪珠翠花，横插约30厘米长扁平翡翠玉簪。挑杆钿子是晚清时期满族女性婚礼上经常使用的帽式，属于特定饰品。戏剧中经常成为地位的象征，如太后出场时都是以戴挑杆钿子而有别于公主。慈禧御前女官德龄公主在美国演讲时所戴的头饰就是挑杆钿子。

第五节　满族的靴鞋

由于满族生活在东北地区，四季鲜明的东北拥有南北方各种鞋式，种类繁多，从高靿到无靿；从露脚趾的到捂脚背的；单色的、绣花的；皮革的、布棉的，各种材质一应俱全（图3-77），有两句形容满族人特点的话，"父子不同姓，男女一双鞋"。因为满族是大脚即"天足"，与汉族妇女缠裹小脚相区别，也成为区别满族、汉族身份的特征之一（图3-78）。满族女性保留"天足"，在其民族生活中发挥了重要作用，所谓旗鞋主要是指女性鞋式，鞋的特点也很鲜明。在日常生活中，普通满族妇女多是穿平底绣花鞋，逢婚礼节庆时会穿上高底子旗鞋。但是在民国以后，满族老人也会在女孩子小时候用布缠裹脚，当然不是像汉族妇女那样裹成小

图3-77　满族靴帽

脚，而是要收脚，人为地适当控制脚的长度。从婉容家族合影的女性尖尖的鞋型就可以看到，这是满族女性在接受汉族审美观念以后的行为表现。笔者分男、女鞋式来探究其艺术特点。

图3-78　晚清天津小脚鞋（中国妇女儿童博物馆藏）

一、女性独穿的旗鞋

关于旗鞋，笔者一直没有查找到确切的文字记载，也没有看到相关的发展进程的高底鞋式。遍访民间老人也没有得到可信的解释。一些学者的解释主要是"模仿汉族女性小脚"。他们认为，一是满族女性在接纳汉文化的时候，羞愧于自己的大脚，所以加长了袍服的尺寸，加高了鞋子，把脚藏在袍服下面；二是满族女性为了美观，延长了袍服，这样就不得不加厚鞋底。这两种说法虽有道理但无依据。

民间调查发现，满族女性确实在接纳汉文化的同时也接纳汉族的小脚意识，也在女孩子小时候进行一些缠裹的行为，但不会像汉族那样让脚严重变形，只是通过缠裹方式限制脚的生长。所以很多满族老人都有过缠足的经历，心软一点的母亲会在女儿的哭喊中停止缠裹行为。如果说是为了身高袍长，那就更没有说服力了。因为大家都知道，旧时对女性的评判标准是"小巧玲珑""金屋藏娇"。北方女性本身就是以人高马大而著称，所以更没有必要再追加身高。"身材高挑"实际上是现代女性的审美观念。马蹄鞋的高度也是一个未解之谜，一个设计形态的产生都有其发生发展的过程，而该鞋造型却难寻发展过程，非常突兀地出现在鞋的形制之中（图3-79）。

图3-79　马蹄鞋（吉林省博物院藏）

（一）厚底鞋

旗鞋按照鞋底高低，可以分为普通的寸子鞋、高底鞋（图3-80、图3-81）。一般人家的鞋底是用千层布纳成的，鞋底高度一般在1~2厘米。高鞋底则需要选用木材制作，其形似船底，又称船底鞋。鞋底和鞋帮需要分别制作，最后在鞋底纳上鞋帮。"双脸鞋"以双道皮条缝于鞋脸之上，鞋尖突出于鞋底之外，侧面看形似小船。男鞋也有此样式，但是低底。

（二）旗鞋

旗鞋为通常所说的"高底"或"四闪底"（图3-82）。鞋底部中心加厚，最高的可达8寸（约26.5厘米），最低的也有1寸（约3厘米）。样式有上大下小的"花盆底"，上小下大的"马蹄底"，也有把两者混称的。《清稗类钞·服饰类》中有："八旗妇女皆天足，鞋之底以木为之。其法于木底之中部，凿其两端，为马蹄形，故称曰马蹄底。"木底四周包裹白布，以缎、布为鞋面，走路时留下的印痕形如马蹄。从十三四岁时开始穿，随着年龄的增长，鞋底高度逐渐降低。沈阳故宫博物院所收藏的清宫女鞋都是高底，从一定程度上反映了当年的流行范围。

图3-80　原底凤头鞋（北京故宫博物院藏）　　图3-81　高底鞋（吉林省博物院藏）　　图3-82　光绪旗鞋（北京故宫博物院藏）

（三）寸子

寸子，满语马蹄骨。踩寸子，意为穿马蹄鞋。满族人为什么要把自己的鞋做成马蹄样？笔者看到过几个解释马蹄鞋的民间故事，有说踩高跷过湿地，有说为了高抬脚躲过积雪等。所有故事都是在讲高底的高，都没有涉及马蹄形。萨满文献中有一篇关于马蹄的故事记载。据《鄂伦春族萨满教调查》讲述："在马群中，杀两匹最好的马，用马蹄子埋葬骷髅才能消灭鬼神，人们按照萨满的吩咐，拿了两匹马的八个蹄子，埋在骷髅的上边，那鬼神彻底失败了。"从民俗宗教信仰的角度上讲，这个故事具有可信度，能借此说明为何选用马蹄来作为鞋形。与今人熟悉的"踩小人"同理，踩寸子意在用马蹄鞋把妖魔鬼怪踩在脚下。

（四）女鞋装饰

满族忌讳素而无花无饰的鞋，所绣纹样多为花草、鱼虫。纹样位置以鞋前为主要装饰区。宫廷御用旗鞋的装饰区域还可以扩展到花盆鞋底的四周，乃至鞋底的花纹镂安处理，放进白粉，抬脚走过后留下花纹足迹。图案使用范围也扩展到"福寿"的文字纹样，装饰材料也拓展到亮片、珠宝、玉石等多种材料。普通官宦妇人的旗鞋高底上基本没有装饰。

补绣是选用多种布料，经过裁剪成造型后，再缝合在鞋帮上。鞋的头部多为云卷纹模拟出的鱼头形象，带有明显的渔猎文化特点（图3-83、图3-84）。

图3-83 双起脊补绣鞋

图3-84 厚底补绣鞋（私人藏品）

儿童鞋上则常用兽头形象进行装饰，以模仿虎形居多。早期则经常用猎获的狍子等小型动物皮张直接制鞋。

二、满族男女共穿的鞋式

由于生存环境的不同，南方的女孩也会打赤脚。而东北则对鞋研究颇深，拥有各种鞋式，对鞋的材料、样式及鞋的制作工艺和装饰都十分用心。满族男性传统鞋与东北其他民族一样，基本可以分为靰鞡、靴鞋两大类，前者是普通百姓在日常生活中经常穿着的鞋式，后者则是达官贵族或在骑射狩猎时选用。这也是满族进驻北京以后，大量农耕生活以及养牛、养猪的发展才逐渐形成的差异。民族间的制鞋工艺也是各有千秋，尽显各民族精湛的皮革工艺。这既满足了使用的需要，也满足了装饰的需要。

（一）靰鞡

靰鞡，鞋，满语。在偏僻的东北山村仍有把鞋统称为靰鞡的习惯，靰鞡也称乌拉，是"兀剌"的音译，"兀剌"是女真四部落之一，乌拉，是来自女真族的语言。靰鞡有"棉靰鞡""胶皮靰鞡""草靰鞡"等。《李朝实录》中有努尔哈赤"足纳鹿皮兀剌靴，或黄色，或黑色"的描述。《鸡林旧闻录》云："用方尺牛皮，屈曲成之，不加缘缀，覆及足背。"

靰鞡，不同于现代的制鞋造型。不论造型，还是制作工艺，都非常有特点，即不分男女，不分左右，随穿随走（图3-85）。选用整张猪牛皮革制作鞋底和鞋帮，使鞋底与鞋帮成为一个整体，圆头、圆身，没有分割线。在脚背鞋面上的缝合线就像我们熟悉的包子捏褶一样，纳褶抽脸，细腻而均匀，有固定不同数量的褶纹数目，通过褶纹来调节鞋料余量，再用粗犷的动物筋线将其固定下来，线迹整齐，距离大小适中，鞋帮上有皮耳，皮绳系耳，以便系紧鞋子，形成粗中有细，细中有粗的北方风格。可以用牛、马、猪等皮革做鞋，鞋靰高度可以达到小腿中部，可以抵膝，用皮条绑在腿上。原始生产劳动服饰需要经得起劳动力量的冲击。对于以游牧、打猎为生的北方少数民族，发现皮革若开剪过多既增加制作的复杂性和制作的难度，过多的缝合线也容易在劳动中开裂。聪明的东北人将缝合线置于鞋面上，采用这种工艺方式制作的鞋，可以减少磨损的概率，不会因为磨断缝合鞋的线而出现开裂现象，从而减少修补鞋的概率。再配以耐磨的皮革材料，最大限度地延长了鞋的使用寿命。靰鞡鞋的买卖与现代鞋品以"双"定价不同，是通过称靰鞡重量实现价钱交易的。

同为靰鞡，各民族间的样式、各地区、各个季节也都不相同，平原地区的鞋靰浅短，山区的鞋靰粗深。夏天的鞋薄，开口大，没鞋靰（图3-86、图3-87）；冬天的鞋厚，鞋靰长。辽宁地区最为常见的是无靰圆口鞋。用于制作靰鞡的材料却有很多种，有鱼皮、草、皮革、棉，制成皮毛朝外、怕惊动山神的糁靰鞡。"鱼皮靰鞡"不仅是赫哲族的传统鞋式，也是满族先祖的鞋式，后来随着满族逐渐南迁的脚步，而多改用猪皮、牛皮（图3-88）。

图3-85 采参靰鞡（松原鱼博物馆藏）

图3-86 靰鞡（私人藏品）

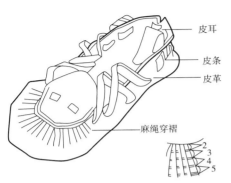

皮耳

皮条

皮革

麻绳穿褶

图3-87 靰鞡结构图（单位：厘米）

图3-88 鱼皮靰鞡（呼和浩特市博物馆藏）

靰鞡可以说是东北各民族使用最为普遍的鞋，整个东北地区都有这种靰鞡鞋式的存在，最能代表北方传统鞋式的共同风格，充分体现出简洁的实用美感。在一年四季的日常劳作中都可以穿着靰鞡鞋，现在东北偏远的满族人家中还能看到老人穿用靰鞡。夏季则可以直接穿靰鞡，因为是真正的纯皮革，即便夏季穿靰鞡也不会有热的感觉。冬季穿牛皮靰鞡时需要垫絮靰鞡草或是玉米叶子。

（二）靰鞡草

东北三宝之一的靰鞡草就是铺垫在靰鞡鞋中取暖的。它是指一种生长在北方、在冬季里专门与靰鞡鞋配合使用的三棱形草本植物，保暖效果非常好。据采访过的老人讲，过去都是光脚板穿靰鞡鞋在雪地上跑。秋季采摘靰鞡草，经槌捣形成更细纤维后，絮垫在靰鞡鞋中。经过穿着形成脚窝窝，草和鞋形成一体，包裹着赤脚。白天因为脚出汗，靰鞡草受潮，晚上将草放在热炕上烘干，第二天可以继续使用。辽宁也有很多地区是用玉米皮代替靰鞡草，把玉米里面细腻的叶子梳理成极窄的细条，然后把它像絮靰鞡草一样絮在靰鞡鞋里，也有一定的保暖功效。

（三）靰鞋

满族有"女履旗鞋男穿靴"的习俗。清代贵族、帝王百官以及后妃命妇，祭祀朝会时都穿靴子，主要是用纺织物制作的靴鞋。宫廷中男性以穿靴鞋为主。除装饰风格有所区别外，满族靴鞋结构基本与蒙古靴相似，但相比来看，所用皮革比率低于蒙古族，以布料居多。民间则多穿高靿皮革靰鞡，哈尔滨金上京出土的文物中有许多穿靴鞋的人物造型，由此可见满族的靴鞋习俗确实传承了金国女真

图3-89 靴鞋（北京故宫博物院藏）

人的生活习俗，并结合蒙古族靴鞋的特点，形成了本民族的靴鞋风格（图3-89）。《红楼梦》中有很多关于靴鞋的描写，如林黛玉穿掐金挖云红香羊皮小靴，史湘云穿鹿皮小靴，芳官穿虎头贯云五彩小战靴，宝玉穿青缎粉底小朝靴。

靴头有两种样式，平时为尖头，朝会时为方头，以便于朝拜。另有一种牛皮制成的"压缝靴"（亦称"牙缝靴"），尖头，靴筒两侧撑有"立柱"，靴帮的每个拼缝中则镶嵌以软皮制成的细革。最初只是皇帝穿用，嘉庆后赐军机大臣，凡外出巡行皆可穿靴。

此外，还使用毛毡制成毡鞋，穿着时衬在靴鞋内，增强保暖效果。在东北乡村的冬季集市上还有各种棉毡袜销售。

三、满族男女共用的布袜

在北京故宫博物院展示的文物中可以看见满族常用的布袜，所用面料是织锦，上面刺绣了宫廷风格浓郁的富丽繁复花草纹样，布袜结构为传统样式，没有袜底，袜底与袜靿相连，缝合线在脚底中间。清代帝后的袜子有高靿、低靿、高靿两接等形式，袜口为马蹄状。男女袜的薄厚有单、棉、袷之分，以丝织、刺绣、手绘为主。男袜多用云龙纹样，女袜则是龙凤花卉纹样。

（一）布袜

布袜不仅是满族常用的冬季用品，也是北方其他民族的常用物品，主要源于防寒需要（图3-90）。在东北寒冷地区的冬季，人们在穿靴鞋时会先用皮革或布包裹住脚再穿高靿靰鞡。后裹脚布逐渐演变成布袜，在金代时期即能看到与今造型相同的布袜。黑龙江哈尔滨的金上京出土了很多这种布袜以及连袜的裤子，由此可以看到布袜的结构非常合理成熟。袜靿处的线条与人的腿部曲线相吻合，有开口和不开口两种。穿着使用时，即便是不开口的袜靿，因其比较宽大，穿脱过程

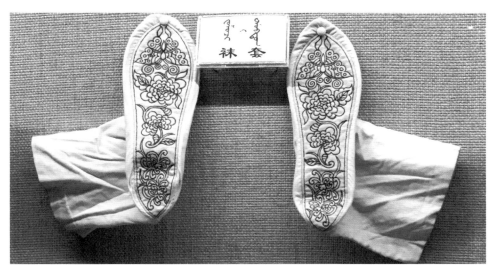

图3-90　布袜（抚顺私人藏品）

也非常方便顺利。实际穿着时是将袜勒放进靴鞋中，或是扎在棉裤中。

布袜基本属于量体裁制，即根据穿着人的尺寸来裁剪袜底，然后再配裁袜勒。布袜大致可以分为前后期，前期的布袜以鱼皮和兽皮为主，底和勒不分，选用连裁方法，缝合线在脚底，前期考虑人体的因素不鲜明，袜以开口式的居多。北京故宫博物院里的布袜是连裁结构，袜勒曲线和袜身开口更适合靴鞋的造型。后期的布袜，袜底和袜勒是分别裁断的，以棉布制品为主，更加关注人体腿部的变化，袜勒也以不开口的居多。

布袜在今天的生活中已经不是必需品，但在北方各民族的生活中都曾经出现过它的影子。将北方不同民族使用的布袜结构进行对照比较看，整体造型基本相同，装饰风格及装饰手法基本一致。

（二）布袜上的刺绣

常见的北方刺绣除了在用色、用料上有别于南方的刺绣外，也很有地方特色。尽管东北冬季的靴鞋，无法让人一眼看到绣花鞋垫，夏天常见的绣花鞋垫也没有了用武之地。但聪明的东北女人依然能通过棉袜上的刺绣，展示出高超的技艺。

与此相通，东北少数民族皮衣上的刺绣也如出一辙。赫哲族、达斡尔族、鄂伦春族、蒙古族、鄂温克族等民族都在原皮上选用原色的动物筋革，疏疏朗朗地绣出花样，既适应了皮革的特性，又使单调的服饰上有了文采，有了文明的痕迹，成为文化的载体，也使东北的服饰刺绣少了南方丝线细花的秀雅隽美，多了几分豪放与洒脱。

第六节　满族的佩饰

满族妇女的特殊服饰也带来了扁方、簪子、头花、钗、流苏、勒子、指甲套等独具特色的佩饰。这种头重脚轻的装饰习俗也赢得了"金头天足"的美称。在此不赘述用于发式上的装饰品，而是以头发之外的饰品为探讨中心。

一、额部佩饰

勒子，俗称包头、脑包，从明末清初到清末都很盛行。其是戴在额眉上的一条包头带子，总体造型是两头窄、中间宽，随额头眉际形成弯曲变化（形制与现代眼罩非常相似），绕头一周，系带在脑后（图3-91）。原本是南方老年妇女冬季御寒的饰品，后来满族沿袭明俗旧制，贵族妇女多用其装饰，普通百姓则用其防寒。用于装饰的勒子会有镂空，而实用的勒子则会选择很多厚质地材料。由于贫富差异，勒子的材质和饰物的差别也非常大，常见的有纱、罗、绸、缎、貂皮等，反映出不同季节的不同勒子，其中由貂❶皮制成的勒子被称为"貂覆额"。勒子色彩以深色居多，上面刺绣有吉祥花纹、镶嵌宝石珍珠，制作异常精细。《红楼梦》第三回、第六回中分别有王熙凤"头上戴着金丝八宝攒珠髻，绾着朝阳五凤挂珠钗，项上戴着赤金盘螭璎珞圈""那凤姐儿家常戴着秋板貂鼠❷昭君套，围着那攒珠勒子，穿着桃红撒花袄，石青缂丝灰鼠披风，大红洋绉银鼠皮裙"。

金头约与勒子相似，但要比勒子窄很多，主要是装饰功能，用在朝帽下面，领约与朝珠都在颈部（图3-92、图3-93）。宫廷佩饰可参见第二章第二节部分内容。

---

❶ 貂：现在为国家重点保护动物。——出版者注
❷ 貂鼠：即貂，古以貂为鼠类动物，故称。——出版者注

图3-91 绣花眉勒（辽宁省博物馆藏）

图3-92 金头约（北京故宫博物院藏）

图3-93 领约（北京故宫博物院藏）

二、耳部装饰

满族妇女注意耳饰，讲究一耳戴三钳，就是说满族妇女要在每只耳朵上扎三个孔，戴上三只耳环。据记载，乾隆四十年选秀女时，乾隆说"旗妇一耳戴三钳，原系满洲旧风，断不可改饰，朕选包衣佐领之秀女，皆戴一坠子，并相沿至于一耳一钳，则竟非满洲矣，立行禁止"。在满族旧俗中一耳多钳是正常现象，有的可以达到五六环、八九环不等，鼻子旁也挂小环。男子挂金环的旧俗在入关后被废止，但女性仍然沿用旧俗，从小就会在耳朵上扎三个小孔，同时戴三只用名贵材料制成的耳环。这种习俗在满族妇女中延续很久，直到民国时期，在东北满族聚居的地方，仍可见到。满族的"一耳三钳"有别于汉族的"一耳一钳"，成为清初满族妇女身份的另一种标志。到清代中期后，满汉习俗共融，满族妇女的耳饰也逐渐由多副变一副，变成"一耳一钳"了（图3-94）。

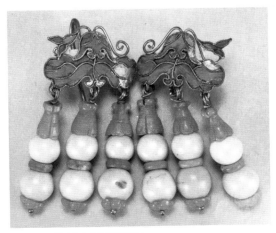

图3-94 耳饰（台北故宫博物院藏）

图3-95 喜鹊纹护耳（大连博物馆藏）

护耳，专为北方寒冷季节防寒所用。将布或皮制成巴掌大小，剪成桃形，有左右之分，皮毛向内，面层布上刺绣图案。双层可以扣在耳朵上，也有长长线绳连接，不易丢失（图3-95）。

三、腰带佩饰

满族旧俗就是无论男女凡穿长袍必须系腰带，挂"活计"。清朝建立后，朝廷将此定为服饰制度，在朝服、吉服、常服、行服中均有与之相配的腰带。不同等级在颜色、样式、质料、做工等方面有严格的规定，不得僭越，违者治罪。腰带成为表明尊卑等级的重要物品之一：黄带子只能由皇帝和直系宗室专用（图3-96），红带子为觉罗的旁系子孙专用，所以人们俗称达官显贵为"红带子""黄带子"。其他成员则用石青色和蓝色腰带，所缀"活计"则早失去了原有的意义而变为装饰，制作精美，质地优良。

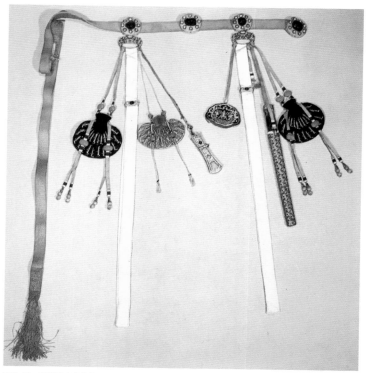

图3-96 黄腰带（北京故宫博物院藏）

活计，就是佩挂的小挂件。多以锦缎等挺括质地的面料，用缂丝、平金、彩绣、戳纱、打籽等各种工艺制成精巧小袋，下端缀以坠子，工细为贵。清代初期，佩挂样数少，但实用性强，清代末期各种物件渐增，称"宫样七件""宫样九件"。妇女很少束腰带，活计样数少，就在衣襟纽上佩挂小挂件，多为怀镜、香串、香牌、荷包、耳挖、牙剔、毛刷之类常用品。

蒙古族的服饰佩件也有这种佩挂习俗。为了实际劳作的需要，人们常常会把一些小型工具带在身边。男、女从事的工作不一样，所佩挂的小工具也不相同。直到现在仍有很多男性喜欢保持这种佩挂工具的习俗，经常会在腰间的钥匙环上别一些小工具。也有人常常会把一些工具结合设计在一起，形成方便的工具饰物。女性用品则演化成专门的工具包，如现代指甲刀包。

（一）七件

古时人们腰带上多挂有盛干粮的皮囊、剪刀、绳索、白麻布汗巾、解食刀、耳勺、牙签、杂用品、烟草、火镰等实用物品。随着腰带礼仪化，皮囊演化成荷包，绳索汗巾转化成飘带，其他的也被眼镜、扇套、鼻烟壶等所代替，更有将用黄金打造出象征性的"七件"挂在腰带上，男性分左右挂，女性为一侧挂（图3-97），可以作钱袋用的小褡裢，同样是要挂搭在腰带上。

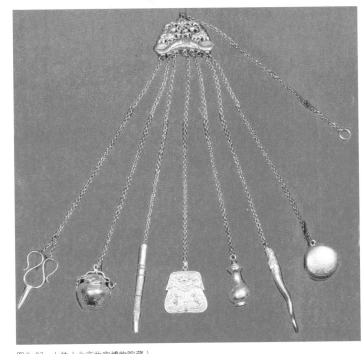

图3-97 七件（北京故宫博物院藏）

（二）荷包

荷包，满语是"法都"。据说带荷包是源于满族先祖的遗风，是女真人出行时腰间所挂装食物的皮囊袋演变而来，并综合了宋代的"旁囊"。清代荷包通常以丝织物制成，上有彩绣，造型多样，有圆形、鸡心形、葫芦形等（图3-98）。荷包里装有各种应季香料，以驱虫防暑。满族三怪之一就是"小媳妇叼着大烟袋"，所以在普通满族妇女身上最常见的是被称为"大烟袋"的烟荷包。荷包上多绣"五谷丰登"（正月）、"五毒"（端阳）、"鹊桥仙会"（七月）、"丹桂飘香"（中秋）、"菊花"（重阳）、"葫芦阳生"（冬至）、"甲子重新"（除夕）等以应节景。男性荷包多系于腰间。

图3-98 荷包（北京故宫博物院藏）

（三）佩饰

玉佩，也称别子，多为玉石所制，满族男女都有佩戴习俗，经常与"七件"挂在一起（图3-99）。由于玉佩价值比较昂贵，民间也将它作为定情、订婚的信物。佩饰样式多用浮雕或透雕传统图案纹样，取寓意为吉祥、富贵、平安。玉佩形制体积不大，多在10厘米以内。女性玉佩选择色彩相对比较艳丽的宝石制作，如粉红的芙蓉石、大红的珊瑚、碧绿的翡翠、黄色的蜜蜡、洁白的羊脂玉等。

（四）压襟

多宝串是挂在女性大襟上的装饰品，是妇女常见饰物，用几种杂宝贯以彩丝制成长串，悬于衣襟领下第二纽上，贵贱之分在其质料。在同位置上还可以挂丝制手帕，别压长巾。

四、手部装饰

（一）戒指

戒指，也称"指环"，北方方言称"镏子"。清初满族妇女的戒指金质朴素，入关后样式逐渐多样化，乾隆时期戒指已经是妇女非常时尚的首饰，在王妃贵妇中盛行。从雍正、道光、同治等朝所绘制的帝后像中就能看到后妃们所佩戴的不同戒指。康熙以后随着国际贸易的增多，贵族的戒指种类与花样更加繁多，稀有宝石、钻石戒指成为皇宫中的珍品。在戒指中最具有特色的应该是男性套戴在大拇指上的"扳指"，也称"班指"。据说起初是为了拉弓射箭时保护手指，实用性强。后来为纯装饰品，甚至在上面镌刻花纹和诗句（图3-100）。

图3-100　扳指（台北故宫博物院藏）

（二）护甲套

护甲套是明清以来在贵族妇女中流传广泛的护指装饰，除拇指外，余下各指均可戴，以在无名指和小指上蓄甲为乐。为保护指甲，选用金、银、翡翠、玳瑁等硬质地材料制作出适合手指活动的护甲套。护甲套长度一般为5.5厘米，口径为0.5厘米，呈弯弓形，可以根据手指粗细调节曲度，自口到指尖逐渐变细，套戴上

以后与手指固定成一体。道光年间绘制的《道光帝喜溢秋庭图》中皇后与妃嫔们
在无名指和小指上都套有金护甲套（图3-101）。翡翠护甲套需要在做出外形之后，
再将中间镂空，四壁薄厚一致。护甲套不仅可用金属镂空雕花，还常用文字、珠
宝进行镶嵌装饰。

图3-101　护甲套（台北故宫博物院藏）

（三）镯子

镯子，即"钏"。满族妇女在入关前就有佩戴手镯、脚镯的习俗，入关以后，
不仅王妃贵妇，甚至民间也十分重视戒指和手镯，其经常被拿来作为定情、订婚
的信物或传家宝。与戒指一样，手镯的样式也逐渐变得花样繁多、丰富多彩。

（四）手串

手串是满族王妃贵妇重要的装饰品。以"二九"为最大吉祥数字，手串有
十八颗圆珠。手串可以拿在手上、套在手腕上，也可以挂在便服右大襟上。手串

材质多为高档宝石水晶，与佛珠的用途有异曲同工之处。佩戴手串时，要注意与服饰色彩进行搭配，选择与服装形成较大反差的手串色彩（图3-102）。

图3-102　蓝手串（台北故宫博物院藏）

五、手套

手套是常见于民间的生活用品。手套也叫"手闷子"，根据材料分别称为"棉手闷子""皮手闷子"。其形制是四指相连，拇指分开。使用时，用一根绳分别与两只手套边连接，挂在脖子上，不用或脱掉时将手套系在后腰上（图3-103、图3-104）。

图3-103　戴暖手套的满族妇女

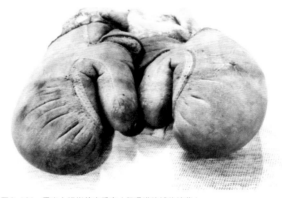

图3-104　露出大拇指的皮手套（伊通满族博物馆藏）

第四章
满族服饰种类与结构

第一节　满族男女通用的服饰种类

在满族服饰中有很多男女共用的服饰款式，也有因性别不同而独有的服饰造型（表4-1）。冠服中除男女各自独有的种类外，辨别男女服饰的主要依据是开裾形式和装饰特点。笔者尽量把满族生活中出现的服饰进行归纳和总结，依据用途进行分类。从中可以更清楚、更真切地触摸到这个民族的整体思想和民族意识。因为笔者针对不同门类的服饰有专门的章节进行深入论述，在此仅是概括地阐述这些特点。对于以后篇章中不涉及的部分，笔者会做比较详细而全面的说明。

从上到下，从里到外，满族服饰中有很多男女共用的款式和造型，袍服就是最典型的服饰。无论服饰结构还是制作工艺都极其相似，很多服饰品种只是在细微处略有差异。

表4-1　清代满族常用服饰种类

类别	男性	女性
礼服	祭服（衣袖同色，马蹄袖袍）	祭服
	朝服（衣袖分色，马蹄袖袍） （配冠、靴、领、带、珠）	朝服（接袖马蹄袖袍） （配冠、靴、领、珠、金约、领约、彩帨、耳饰）
	端罩	朝裙
	衮服、补服	
吉服 花衣 彩服	袍（衣袖分色马蹄袖袍） （配冠、靴、领、带、珠）	袍（接袖马蹄袖袍） （配冠、靴、领、珠、金约、领约、彩帨、耳饰）
	端罩	端罩
	褂	褂
常服	马蹄袖袍（配冠、靴、带、珠）	马蹄袖袍（配珠、耳饰、花钿、素钿）
	褂	褂
行服	缺襟马蹄袖袍（配冠、靴、带、珠）	
	马褂	
	裳	

类别	男性	女性
便服	袍	袍
	马褂	马褂
	紧身（马甲）	紧身（马甲）
	裤	裤
	套裤	套裤
	斗篷	斗篷
	衬衣	衬衣
		氅衣
	内衣（肚兜）	内衣（肚兜）
	靴鞡	旗鞋
	六合帽	旗头

一、袍服

袍服，满语"衣介"。从字义解，旗袍泛指旗人（无论男女）所穿的长袍，早期时候，男袍叫长袍，女袍叫大衫。后来夹棉的称袍，单层的称衫。不过只有八旗妇女日常所穿的长袍才与后世的旗袍有着"血缘"关系。用于礼服的朝袍、蟒袍以及清朝末期男子的长衫大袍等，从狭义上说已不属于现代人所指的"旗袍"范畴。

将满族袍服与蒙古族袍服相比较，会发现蒙古族袍服肥大，只有一个开襟衩。满族通身袍服更窄更薄，有2~4个开衩，袍服长，领口大，圆领多于立领。形成如此差异的原因在于满族一直在南迁，骑射区域是沿山沿江沿草原边缘。满族的冬储与蒙古族放牧养畜不同，在逐渐加大农耕生活方式的同时，为躲避寒冷也有了"猫冬"习俗。所以，满族袍服没有蒙古族袍服那样强烈的保暖需求。

清代初期的袍服，外轮廓呈长方形，圆领口、窄袖、紧身、箭袖、扣襻、右衽。女袍两腋明显收缩、袍下部开衩、下摆宽大、领袖镶窄边，颜色素，即使是时髦的优伶之辈，也不过"用青色缎、漳绒等缘其衣边"，突出了简约而实用的特点。清代中叶，旗袍的样式有所变化，出现了狭窄的立领，袍身和袍袖开始宽大，下摆一般多垂至脚踝。清末的女性袍袖开始短且肥大多层，穿衫裙也渐成风气。

男性的马蹄袖式袍服是前后左右四开裾，或是前后开裾；平袖袍服是左右开裾或是后开裾；无接袖。女性的马蹄袖式袍服是左右两开裾，或是后开裾；平袖袍服是后开裾；小臂有约10厘米石青色接袖（图4-1、图4-2）。

图4-1 橙色女袍服（私人藏品）

图4-2 袍服（实物绘制）

二、斗篷

斗篷是清朝中期开始盛行一时的冬装，为男女通穿的宽博无袖长罩衣，亦称"一口钟""蓬蓬衣"（图4-3）。女服款式制作精巧，多以艳丽绸缎为材料，上面刺绣花纹，也有里衬皮毛里料。男女、官庶风雨天及冬季外出均着此装。《红楼梦》中以大红猩猩毡斗篷最为多见，第四十九回即有斗篷大聚会的描述。

图4-3　穿戴风帽与斗篷的男子

三、马褂

马褂，原为男性行服褂，皇帝用明黄色，俗称"黄马褂"，后来男女兼穿。衣长齐脐，前后左右四面开衩；衣袖则有长短两式，长至腕部，短及肘；长者为窄袖，短者则宽袖，袖口平齐；有单有夹，冬季还可做成皮、棉马褂套在长袍之外，既不妨碍骑射，又可御寒。在满族"骑射尚武"的历史中，其经常用于出行，顺治、康熙两朝的马褂还限于八旗士兵穿用。王公文武百官的马褂皆为石青色，下属旗军的行服褂颜色与本旗的旗色相同，用主体色和边缘色来区分上下等级。

康熙帝亲征噶尔丹之时，某权臣随驾出征，其母忧其身体文弱，恐不胜风寒，特意缝制了一件不合规格的对襟、身长、袖较窄小又偏长的"长袖马褂"，此人因感母恩，便常穿此衣。一天，康熙皇帝忽有急事召见他，该人一时匆忙未得更衣便去觐见，当正事谈完之后，康熙帝便问他身穿的马褂叫何名，他只好照直说明缘由。康熙帝因其孝心，命他今后可以穿它觐见，并赐名为"阿娘袋"。民间穿得很多，格外受老年人的青睐。

雍正以后，不分尊卑，马褂在士庶人等中也盛行起来，马褂从行服变为常服，并很快在南北各地普及。马褂形制也有所变化，领口可用圆领，也可用立领，马褂的形制有长袖、短袖、宽袖、窄袖，对襟、大襟、琵琶襟诸式之别。乾隆初年征金川之时，保和殿大学士兼军机大臣的傅恒领兵时常穿这种马褂。班师回朝之后，喜其便捷，仍经常穿着。有人问之，他便随口而答："穿它而得胜。"传至民间，遂被称为"得胜褂"。嘉庆年间，马褂往往用如意头镶缘。到咸丰、同治年间又作大镶大沿。光绪、宣统年间马褂短到脐部之上，还有用马褂做成背心式，即两袖用异色面料（图4-4）。

图4-4 光绪时期的云鹤马褂（北京故宫博物院藏）

马褂经常与长袍配合穿，所谓"长袍马褂"，袖短的可露出三四寸袍袖，将袍袖卷于褂袖上面，即所谓大、小袖。大袖对襟马褂逐渐代替外褂而成为正式的行装，袍外还需再加穿一件马褂才"成体统"，这种穿法一直延续到民国时期。

四、紧身

紧身，满语"卧龙袋"，也叫马甲、坎肩（图4-5）。初期短而紧，身长仅及腰下，后来样式多变。常见款式有琵琶襟、一字襟、大襟、对襟、人字襟；底摆有直翘、圆翘；领口有圆领、鸡心领，有领或无领；衣长有长身、短身等诸多式样。四周和襟领处以异色料镶边，交襟处或对襟下端及左右腋下处，做成如意样镶绲。镶绲道数盛时，衣料本身退居于极少的部分。领子的高低不断变化，清末时领高过腮。《红楼梦》第七十回中有"麝月是红绫抹胸，披着一身旧衣，芳官却是仰在炕上，穿着撒花紧身儿，底下绿裤红鞋"的描述。

图4-5 紧身（实物绘制）

五、裤

裤是东北别具特色、较为常见的服饰，用布料或皮革制作均可，也称"缅裆裤"。裤为高裆、高腰，肥阔的裤腿长达脚面，裤脚口部分有的开衩（图4-6）。穿时将裤腰缅掖，用长带系结，系带剩余部分垂下作为装饰。在北方生活的满族人将裤口用长带缠裹，以便保暖。女裤比男裤色彩鲜艳，花色丰富，女子裤脚口处镶有各色

图4-6　缅裆裤（辽宁省博物馆藏）

边，镶边多的时候有三四道。例如，《红楼梦》中有宝玉"下面绿绫弹墨夹裤，散着裤脚，系着一条汗巾"。绑裤脚口的腿带长数尺，寸宽，两端有穗子。小女孩有红色，其余尚黑色，一般是白色或绿色、黄色等，男人的腿带较女人的腿带要长得多，尤其上山下地的男人腿带大都扎到膝盖下，扎带末端有一流苏垂于脚踝处。讲究的扎腿带子上面有提花，两头带穗并有吉祥文字或"富贵"图案，这种带子颇具装饰意义。

六、套裤

套裤，满语"渥季阿布力"。出征、行猎时，常在裤外再套一腿套，无裤腰和裤裆，只有两条单裤腿，不连接在一起，裤筒上下两端均有带子，需要靠腰绳系挂在腰带上，穿上侧缝齐腰，露出前肚后臀。北方冬季袍服的下面容易进风，冬天出猎大都要在腿部再穿一层套裤，加强腿部的防寒效果。满族聚居地区多为丘陵地带，上山采集、捕猎、砍柴等时穿套裤不磨损裤腿，保护裤子和腿部不被划破划伤，至今东北地区仍在使用套裤，现代京剧《红灯记》中的磨刀人穿的就是套裤。

套裤与今天的套袖相似，是穿在正常裤子以外的半截裤子，有腿无裆，分腿不连。上端挂系腰间，非常方便穿脱，便于清洁。皮革厚料适合山林劳作，抗磨耐刮。为了适应生产劳动的需要，套裤上还特意做了开剪处理，使裤脚收裹于小腿处。套裤有男女之分，男子套裤口为斜口；女子套裤口为平口，镶有花边，用

红、黄、蓝、绿等色野花作染料，或用木炭和血液，画出黑、红色不同色彩的花纹，风格粗犷遒劲，古朴美观。以鱼皮材料制作的套裤，会选择不同的土黄色与黑灰色鱼皮，配上片片鱼鳞的痕迹，使鱼皮衣既富有色彩变化又有肌理效果。轻巧细薄的鱼皮缝合工艺不同于东北其他皮革服饰工艺，用鱼皮做成的鱼皮线也是纤细而柔韧，针脚细腻而精致。

套裤也与金代使用的吊敦、宋代的膝裤形制相似。两条单裤腿不连接在一起，唯长度被上移至大腿部位，而不像膝裤那样仅处于膝下。套裤材料初用皮，后来改用布，有棉、夹、单几种形式，一般为满族男女在春、秋、冬季所用。套裤的每条裤腿形式为上口呈三角形，裤脚平（图4-7）。套裤的裤管有多种形制：清初时上下垂直，呈直筒状；清中期变为上宽下窄，裤脚紧裹，为穿着方便，多开有衩，穿着时用带系结；清晚期时流行宽松式套裤，裤管脚大倍于从前。妇女用套裤时，裤管下加镶绲如意头饰，下用两对纽扣结。

七、肚兜

肚兜，俗称"抹胸"或"兜兜"。满族男女老幼皆以方寸布紧系前胸腹，属贴身内衣。制作肚兜十分讲究，多绣有吉祥图案。形状多为正方形或长方形，裁去上角后成领口弧线，再按本旗所属颜色，镶一寸（约3厘米）宽彩布，用布带系在脖颈上。下角根据男女性别裁剪成尖形或圆形。两侧带子系于腰后，挡住肚脐、小腹。婴幼儿肚兜只是一个布片，成人肚兜多有里外层，可在开口处放入财物（图4-8）。

图4-7　女套裤（北京故宫博物院藏）

图4-8　肚兜（私人藏品）

小袄也是衬在袍服里的衣服，穿在肚兜之上，比衬衣更加贴近肌肤。例如，《红楼梦》第七十七回中写有晴雯临死时"连揪带脱，在被窝内将贴身穿的一件旧红绫小袄儿脱下，递给宝玉"。

八、风帽

风帽，也称"风兜""观音兜"，光绪年间男女曾经流行风帽，颜色为黑色，以绸缎为面料，并用棉布修饰帽缘，有棉、有夹、有皮，加戴在小帽上。风帽、安髩帽也是满族帽式，多为老年人冬季所戴，帽扇长及肩颈，冬季御风寒。徐珂《清稗类钞·服饰类》记载："风帽，冬日御寒之具也。亦曰风兜，中实棉，或袭以皮，以大红之绸缎或呢为之，僧及老妪所用，则黑色。"

儿童在秋冬季节里还会戴虎头、狗头、狍❶头等动物皮毛或多色多层棉布制成的吉祥帽（图4-9）。

图4-9　儿童风帽

第二节　满族女性服饰

清末对女性的审美标准是削肩、平胸、细腰、窄臀、人身单薄，人体美要在层层的衣衫之下掩藏起来才算得体，男女身体是不可轻易显露的，因此在服装上也和汉族一样收藏体态，不露腰肢，服装结构为直线塑身。传统服饰心理定向是内省型，主张自尊，讲究中和，克制个性情感。受传统文化心理结构中含蓄、中庸思想的影响，人们对人体美的认知有着十分含蓄的态度。贵族女性的礼服比较烦琐，同时保留了许多满族服饰旧俗。朝服内衬朝裙（图4-10、图4-11），外罩朝褂。朝珠三盘，额束金约，耳饰坠，颈饰领约，胸饰彩帨。

---

❶ 狍：已被列入中国《国家保护的有益的或有重要经济、科学研究价值的陆生动物名录》。——出版者注

图4-10 咸丰冬朝裙前面（北京故宫博物院藏）　　　图4-11 康熙帝后缎朝裙（北京故宫博物院藏）

一、衬衣

衬衣是清代后妃服饰中形式别具特色的一款，也叫"长衣""衬衫"，是袍服的一种样式，为满族男女通穿在袍服内的便袍（图4-12）。清中期以后，追求汉服的

图4-12 光绪时期的云鹤衬衣（北京故宫博物院藏）

宽衣博袖；清末时期，受西方影响，重新开始束身窄袖。北京故宫博物院中收藏的明黄色缎绣栀子花蝶衬衣的胸围仅74厘米。衬衣的基本形制是圆领、右衽、捻襟、直身、长袖至腕、平袖、无裾、五纽。男女在穿各种开裾袍服时，因为袍服开裾都较高，行走时会因露腿而不雅，便再穿一件不开裾的内袍，遮挡腿部。衬衣以不开裾而被穿在各种袍服之内。男性衬衣的变化一直不大，女性衬衣在后来逐渐发展出舒袖、挽袖的便袍，逐渐内衣外穿演化成氅衣。袖分有袖头和无袖头两类。面料以绸料、绒绣、织花、平金为多，周身加以边饰。夏季可以单穿，秋冬加有皮棉。

二、氅衣

氅衣是衬衣便袍的变化形式，左右高开长裾，内袍外露，是清后期出现的，唯女性独用的、内衣外穿化的时尚袍服，也称大挽袖（图4-13）。多层不同色的袖头从里向外挽出，袖短肥而多层次，挽袖部分多有刺绣装饰，有的挽袖高达肘部。清代文康的《儿女英雄传》中有许多旗女袍服的描写："只见那太太穿一件鱼白百

图4-13　氅衣（天津博物馆藏）

蝶的衬衣儿，套一件绛色两则五蝠捧寿织就地景儿的氅衣儿……周身绝不是那大宽的织边绣边，又是什么猪牙绦子、狗牙绦子的胡镶混作，都用三分宽的石青片金窄边儿，拓一道十三股里外挂金线的绦子，正卷着两折袖儿……"《红楼梦》中也多次出现"鹤氅"，黛玉罩了一件"大红羽绉面白狐狸皮的鹤氅"，宝钗穿一件"莲青斗纹锦上添花洋线番耙丝的鹤氅"。

三、裙

明末关外普通满族女性承袭女真人习俗，多穿袍服。旧有学者说："满汉妇女区分是，满穿袍，汉穿裙。"这种观点片面了。满族女性不仅穿袍服，而且自古就是袍裙兼有。且在重大祭奠时，必穿朝裙。据后金出土文物和后世记载，金执政期间，因受到汉文化的影响，金女真贵族女性的服饰中已经有襜裙出现（图4-14）。努尔哈赤在天命八年（公元1623年）六月的一次命令发布中"无职之护卫随侍及良民，于夏则冠菊花顶之新式帽，衣粗蓝葛布裙，春秋则衣粗布蓝裙"。满族史诗《乌布西奔妈妈》中也有相关内容：派四个心腹女萨满潜入敌岛，她们分别"身披它思哈裙（虎皮裙），身披亚克哈裙（豹皮裙），身披达敏裙（鹰羽裙），身披尼马哈裙（鱼皮裙）"。

马面裙，是清代裙式，在戏曲服饰中叫"幺包"（幺，音译 yāo，又作"腰"），如图4-15、图4-16所示。多有学者考证该裙式源于游牧民族。马面即指在裙子前后正面一块平整的布面。马面的一侧是裙子围腰的开口，马面用花绦刺绣花纹装饰。以多幅瓦块形式制成裙摆，上有裙腰和系带。河北省隆化县鸽子洞

图4-14　金代襜裙后面（金上京历史博物馆藏）

图4-15　京剧中的幺包马面裙

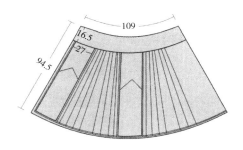

图4-16 马面裙款式图（单位：厘米）

图4-17 元代《质孙服》大褶袍（河北隆化民族博物馆藏）

窖藏出土元大都的文物，"元大都白棉布束腰窄袖大褶袍"（图4-17）有与马面裙制式极其相近的袍服裙摆，衣长121厘米，通袖长168厘米。此种处理方式与马面裙、金代女真人襜裙相同。满族女性今天多在婚庆时穿马面裙配花钿。

四、云肩

云肩，满语"贾哈"。与元代青花瓷上的纹样非常相似，制如四垂云（图4-18）。满族朝服上披领源于契丹妆，本为取暖防寒。最早的云肩形制来源于西域。新疆吐鲁番阿斯塔那北区77号墓中出土的一件唐代联珠骑士纹锦中的西域胡人骑士，就披有一件云肩。吐鲁番柏孜克里克千佛洞中有一幅《涅槃图》，其中也有披云肩的吊唁人物。由此推测，制成云肩形式的披肩与满族披领相似，但传入中原后，变成了织物。云肩最早的记载见

图4-18 云肩（北京故宫博物院藏）

于《金史·舆服志》中"又禁私家用纯黄帐幕陈设，若曾经宣赐銮舆服御，日月云肩、龙文黄服，五个鞘眼之鞍皆须更改"。这里提到的日月云肩就是在云肩左右装饰日月纹。云肩的形状在《元史·舆服志》中被描述为"衬甲，制如云肩，青锦质，缘以白锦，裹以毡，里以白绢。云肩，制如四垂云，青缘，黄罗五色，嵌金为之"。

从金代出土的供养人身上可以清楚看到云肩的样式与今天的云肩相同。在黑龙江哈尔滨阿城区金上京历史博物馆中陈列一件用兽骨制作的、用于萨满活动的云肩，从用兽骨制作的动物纹样上判断属于早期萨满神职服饰。实例见金代张瑀画《文姬归汉图》中的文姬装束。山西侯马金墓砖雕伎乐人的装束，形如箕，以

锦貂为之，两端作尖锐状。元代云肩式龙袍来自金代，清代满族披肩继承前制。皇帝、皇后的龙袍上经常在云肩式柿蒂形状中刺绣龙纹。在京戏服饰中，云肩多用于仙女角色身上，表现其与萨满女巫师共同具有通神的功力。满族女性云肩常见于婚庆服饰。云肩，也有从垫肩演变而来的痕迹。

第三节　满族服饰结构

满族服饰曾以浓郁的骑射民族特色和独特的装饰风格，在我国的服装历史上独领风骚近三百年。纵观满族历史，由于政治、经济、文化造成的发展格局，满族遵循本民族的发展脉络而传承延续，服饰样式随社会发展而不断变化，既有别于其他民族服饰，又有融合之处。满族虽与汉族长期共同生活，服饰相互影响，但服饰基本结构形制没有改变，连身、大襟、开衩、箭袖等服饰结构都保留了满族独特的服饰风格。满族、汉族女性服饰由初期的对立，到晚清时走向了融合。肥袖、肥腰、肥摆除了受汉族服饰影响外，更重要的应是为了适应北京温暖的气候。官员们以纳纱为面料所做的袍服，就是在北京气候渐暖，但还未到宫廷服制规定的换服日期时，在不违规的状态下，用纳纱作为袍服面料，以增加服饰透气性而选择的处理方式。

由此可见，按东北季节制定的传统服饰制度会与北京的地理气候产生冲突，改变服饰结构也就是必然结果。清中期以前，满族服饰一般都是圆领，逐渐另制立领缀于领口，到晚清时期立领渐高可至颏下（图4-19）。

一、满族原生态服饰结构由来及其特点

满族原生态服饰结构具有很强的阶段性特点，可以分成早中晚三个大阶段，每个阶段之间过渡柔和自然，没有突变性。

满族的衣着服饰，源于女真族，穿着打扮自然沿袭女真人的习惯。同时又因为他们是"善骑射，喜耕种，好渔猎"的民族，所以长期以来所形成的服饰习惯也别具特色。每当白雪皑皑、寒风凛冽的冬季来临之际，他们都以"厚毛（即有

图4-19 道光时期朝服（台北故宫博物院藏）

长毛的兽皮）为衣，非入室不撤……"捕猎的鱼皮、兽皮，通过拼接成张后制成服饰。东北四季变化分明，各季节服饰都具有自己的特点。因此，满族人无论在衣服结构上还是质料上，都充满着浓郁的民族特点和民族性格的神韵，这是满族在其民族形成过程中长期生活积淀的结果。在早期时，满族服饰以吸纳女真人和蒙古族的服饰结构特点为主，服饰结构自然是以满足人们生活方式为主的裤装、袍服，贴身紧收的窄瘦袖口、领口、裤口、高腰、大襟、衩口都是为适应北方寒冷的地域特点而产生的结构特点，而这些特点又完整而永久地保留在满族服装中。

满族服饰在融合了女真人和蒙古族的服饰特点之后，也大量融合了汉族的服饰特点，形成中期特点。袖口不断被夸张，袖长不断在缩短，女性袍服长度为适合不断升高的鞋跟，也在逐渐变长，同时外罩衣上也出现了对襟结构。后期的满族服饰结构在被迫打开国门的那一刻，也开启了新阶段（图4-20）。

图4-20 1921年的满族服饰

首先是服饰结构随着面料幅宽而改变，伴随造型而不断改变，服饰整体结构复杂了，服饰个体结构却简洁了。这种结构变化首先是领口部位、袖口部位、门襟部位，而后逐渐转向服饰外形结构，女性旗袍逐渐改变了自身轮廓造型，甚至改变了传统结构，由长袖变成短袖、无袖，成为汉族和其他民族自主选择的服装，汉族妇女的袄褂也变得越来越长，类似于袍。满族所穿的下装裤腰逐渐变低，裤身逐渐变窄，裤脚逐渐放开，裤装整体与西洋裤式相融合。

《末代皇后的裁缝》一书中提道："宣统皇帝宣布退位，街上挂起了五色旗，人们纷纷剪掉了拖在脑后的那条长辫子……改朝换代，最明显的标志首先表现在人们的穿着打扮上……昨天还穿着长袍马褂，今天却穿上了短袄，头上的辫子也不见了，长袍马褂改制成短打扮。" 1934年，"婉容只有靠穿着打扮排遣心中的苦闷。她把全部心思都用在琢磨服装上了……""有一天，婉容突发奇想，她告诉春儿，满族传统服装最典型的是女人穿的旗袍，但这旗袍有几个缺陷：首先是肥，其次是厚。穿上之后，显得过于臃肿，不能把女人婀娜的腰肢和女性的曲线显露出来。春儿早就有改进服装样式的想法，但是，皇宫里规矩森严，祖上留下来的样式是不能轻易改变的。如今有了皇后的旨意，春儿可以放心大胆地创新了。""春儿在当时并没有意识到，他的改进创新有多么重大的意义，他就是在无意之中，使旗袍这种款式成为中式服装的典型款式。"

二、满族服饰原生态结构特点

笔者对丰富多彩的满族服饰进行了大量的测量整理，以原生态服饰为基础，从满族服饰的分类、结构、特点等方面进行研究、分析，对满族服饰结构所表达出的深层文化含义有了一定的认识。

满族服饰种类以内外层次居多，可分有肚兜、衬衣、袍服（图4-21）、马褂、氅衣。从上至下可分为上衣、套裤、长裤及裙。服饰整体结构可分为单片结构、连身结构、连袖结构、无袖结构，局部结构分为领结构、袖口结构、门襟结构。从结构特色上看，有门襟、箭袖、开衩、立领、领衣。《儿女英雄传》第十五回描写安老爷"只见那人穿一件老脸儿灰色三朵菊的库绸缺襟儿棉袍，套一件天青荷蓝羽缎厚棉马褂儿，卷着双银鼠袖儿……"，只见张老"上身儿油绿绉绸，下身儿的两截夹袄，宝蓝亮花儿缎袍子，钉着双白朔鼠儿袖头儿……"

图4-21　乾隆时期的单袍（北京故宫博物院藏）

（一）单片结构

　　肚兜是非常独特的单片服饰结构（图4-22）。肚兜是传统北方民族中男女老幼常穿的内衣，满族服饰中当然也有紧贴肌肤穿着的肚兜，现在只有从婴幼儿身上才能看到。肚兜只是一个围裹在身上的布片，顶部缝有线绳，系挂在脖子上。成人的肚兜多分成里外两层，两边开口处可以贴身放钱物。兜嘴部位需要按本旗所属的那种颜色，镶一寸（约3厘米）宽的彩色布。肚兜结构因男女性别而有所区别，男性的底边是尖形的，女性的底边则是圆形的。小孩肚兜的外面用料多为红布，成人多为黑布，里子

图4-22　喜寿肚兜

多为白布。不论老少都会在肚兜向外的面料上，刺绣五颜六色的吉祥文字和吉祥图案。

（二）连身结构

中国人不是不会做修身合体的工艺处理，而是不赞成衣服修身随体的审美观念，这也影响了日本、韩国、朝鲜的服饰，形成了崇尚宽松的意念，以及东西方的审美差异。

以大家熟悉的旗袍为例，其服饰结构是连体贯通的，这种"衣皆连裳"（古代上为衣，下为裳）的宽腰身直筒式袍服与汉族的上衣下裳两截衣服有明显的区别，即在腰节部位没有裁断，而是由一块布料直接裁成的。通过调查访问得知，在前片中心留出缝合线，即裁开后再缝合上，意为"心胸开阔"（实际可能是受布幅所限）。如果前片中心没有缝合线，则意味着"胸襟坦荡"，一个充满智慧、让人折服的理由。

为了符合人体的起伏变化，需要在裁剪前调整服饰结构。有经验的老人会在裁剪前根据穿衣人的体型铺叠布片，有意错位折叠，把适量的省道余量转移到领口、腋下等部位，使平面裁剪出的旗袍更加立体，穿着后会更贴合身体。所以，凡是做过便服的人都知道，经高超裁缝剪裁出来的便服会很贴服；而技艺不佳的裁缝所做的衣服会是前挺后撅。

据说有一个旧京城高级裁缝，他的裁缝技艺高超，凡是经过他手做出的长衫都非常合体。令偷艺人不解的地方是他给客人量体时很特别，常与客人聊天，问一些与服装毫无关系的事情，像个人的喜好、从事的工作、为人处世的态度等。后来还是裁缝师傅给出了答案，如果客人是读书人，为人谦逊，师傅就会加长衣服后片的长度，以适应经常弓腰的体态；如果客人是经商做官的人，为人骄傲，师傅就会将衣服后片剪短一些，以适应挺胸抬头的体态。

所以看似平面的袍服，实际上也是讲究立体结构的（图4-23）。人体在外观平板的服饰内可以自由活动，远没有现代适体服饰的死板和限制。降低到最少缝合工艺的服饰结构设计使制作工艺变得简洁，服饰整体造型通达爽快，保留了满族先民造型严谨的思想风格，形象肃穆庄重，清高不凡。

图4-23 袍服（实物绘制）

（三）连袖结构

连袖通常是指袖中线与小肩相连为一体而无肩斜线的一种袖型，整件衣服连袖由一整块布裁成，缝线减至最少，以平面裁剪为主。因为袖片是与服装本体连接在一起的，所以省略了绱袖工艺的烦恼。满族服饰主要以连袖为主，其外观结构简洁、线条流畅、穿着舒适，氅衣就是比较典型的连袖结构。传统长袖结构因受布料所限，需要在肘部拼接同色布料或是镶嵌其他颜色布料、绦子。后期的短袖氅衣则因为袖长及肘，布料适用而无须拼接裁剪。在满族女性服饰中，还有一种大挽袖的袍服，即在袖口部位拼接另布，在另布上刺绣装饰，经过上翻挽卷后露出刺绣图案花色（图4-24）。

图4-24 有别缝的连肩裁片的大挽袖

（四）无袖结构

马甲是满族服饰中非常有特色的结构造型。它长度及腰，开始是在袍内穿着，与现代西装中的坎肩一样，所以也有"紧身"之称，更适合在马背上骑射穿着。后来内衣逐渐外穿，紧身穿在了袍服或马褂的外面，成为人们非常熟悉的马甲（图4-25）。

图4-25　多镶紧身（中国台湾私人藏品）

马甲造型结构非常丰富，设计变化最多的部位是领子、门襟、袖窿、底摆等部位，最有特点的部位体现在门襟结构和袖窿结构上。马甲门襟有大襟、对襟、横开襟、琵琶襟等样式。袖窿挖切非常夸张，其深度与现在的马甲袖窿结构差异很大，是与传统便服结构相配合的，外穿方式也促使它的袖窿深度加大。由于袖窿深度的影响，肩线也形成不同的宽窄变化，侧缝下缘与底摆适应，形成平、圆、翘等各式造型。

（五）拼接结构

从前面的服饰造型中可以看到拼接结构在满族服饰中占有非常大的比重，可以说拼接是满族服饰的最大特点之一，尤其是宫廷的长袖袍服几乎都有拼接结构出现。按常理说，皇权贵族完全可以在纺织技术的支撑下直接裁剪袍袖，改变拼接结构。但是满族皇权贵族，却用权力要求用织造的方式将不同部位的花色织造出来，然后再进行裁剪，以拼接结构适应服饰的需要。按服装结构预留出缝份，形成大量余料，与今天的定位设计印花非常相似。袖片结构布料与今天不同，直接顺纱织造或刺绣图案。

拼接结构以应用在衣袖部位居多（图4-26），也有在袍服襟摆部位。衣袖还呈现出多次拼接的效果，拼接点在肘、腕等位置。如果想镶嵌其他花色面料也是以肘部为起点，向腕部拼接。包括可替换的箭袖头、普通袖头、多层袖头、大挽袖的挽边等。短袖的断点也是在此位置，与过去常见的2.2尺（约73厘米）的布幅宽正好相合。

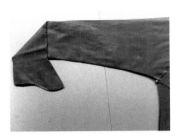

图4-26　袍袖

裙与裤都是以腰为拼接点，连接高腰。有的还在裤身前片拼接布幅，以满足裤子的肥度要求。裙幅的拼接线很多，前后中间留有一个较宽的裙门（一块宽约20厘米的平幅面料），称为"马面"。马面裙上的裙门少有绣花，以镶嵌花绦简洁装饰。与"百褶裙"有所不同的是裙腰部余量很少，以斜裁裙片去省收腰，没有细褶。"马面裙"的结构与金代出土的"襜裙"结构极为相似，只是前面的马面宽度有所差异。

（六）拆卸结构

从金代的文物中，可以看到这种方便生活的设计。例如，女真人大裆裤的后面是采用重叠形式闭合的，当需要方便时，只要蹲下，裤子后面就会自然张开，起身后又可以自然闭合。满族继承了女真人的服饰思想，常从方便实用的角度来设计服饰结构，很多服饰部件可以根据需要自由拆卸。最具代表性的是满族军人袍服上可拆卸的下摆，需要时，可将上面一排襻扣解开，将袍服下摆部分卸掉。另外是一字襟的马甲，它也是通过襻扣将领口和门襟连接在一起，当骑马行进中需要脱掉马甲时，探手于内解掉上排纽扣，再解开一侧纽扣后经拉引而脱之，可免去脱外衣之累。内衣外穿后则遗留为一种装饰。

东北棉服一般是1～2年拆洗一次。在漫长而寒冷的冬季，人们根本无法随时洗涤整件脏衣服，只能进行局部清洗。为此，在满族服饰中还设计有专供拆洗替换的、单做的袖口、衣领、套裤。后期便服、袍服上出现的立领也是最后用缲针缝合在领口上的（图4-27）。这些容易污损的地方，可以通过这种拆卸的方式进行更换。满族服饰中的氅衣就如同后来被大家所熟悉的罩衣，也是专门为了保持清洁而选用的，使棉衣免去了经常拆洗的烦恼。

图4-27　无立领的圆领口

三、满族服饰中的特色结构

（一）箭袖

箭袖，满语"哇汗"，是满族与蒙古族袍褂中很有特点的一种衣袖。最初，在满族男子所着袍、褂的袖口上，多半都带有这种"箭袖"，即是在本来就比较狭窄的袖口前边，再接出一个半圆形的"袖头"，一般最长径为半尺（约16.5厘米），因为它形似"马蹄"，所以又称为"马蹄袖"。箭袖产生于长期的北方生活，尤其适应北方冬季出游骑射。将箭袖覆盖在手背上，无论是挽缰驰骋，还是盘弓搭箭，都可以保护手背不被冻坏。这种形式至今在北方的农村仍可以看到，冬天劳作时，会在衣袖口上接一皮毛的"袖头"，紧护手背，抵御风寒，这就是箭袖的原生形态。

进关之后，由于满族生活环境的变化，骑射之风逐渐衰微，袍褂上的箭袖实用性渐渐"退化"和减少，袖口渐宽，装饰礼仪性逐渐增强。一般日常穿用的袍褂为平袖。但在具有一定身份的满族人中，却仍然要做一些带有箭袖的袍子，以为礼服，遇到郑重场合，则必须换上箭袖袍。清朝时期对箭袖袍子的重视，主要体现在官服制度上。例如，《大清会典》中规定，皇帝、皇后的龙袍，亲王、贝勒、文武官员的蟒袍，都一律带有箭袖（图4-28）。有的还特意做几副质料精良的

图 4-28 箭袖

带箭袖的"套袖",有事时将其套在平袖之上,事后摘下,不仅灵活方便,还增加了服装的多样性。当时人们称这种"套袖"为"龙吞口"。这种做法不仅流行于民间,皇室家族里也这样做。沈阳故宫博物院所藏的清代宫廷服装里,就有许多这种或织或绣、质料较好的"龙吞口"。这一制度,一直保持到清朝灭亡,可见其受重视的程度。最重要的是箭袖已经成为满族这一民族传统服饰的象征。

(二)大挽袖

外衣之袖口长度较内衣短。清末时期,奢侈风盛,为了显示身份和财富,在衣袖之内增设了 2~3 幅假套袖,以不同衣料、不同边饰、不同工艺制作,借以获得层层叠叠的丰富效果。

大挽袖是清代满族历史上特别盛行的服饰。笔者过去一直在疑惑,大挽袖在实际生活中是如何使用的?那么宽而厚的挽袖是如何固定的,上挽的部分不会在行走中脱落下来吗?后来看了很多大挽袖藏品都是以缝线固定的,那么大挽袖就是一个假袖子,装装样子而已。直到 2018 年偶尔在翻看《蓝衫一袭》一书时,看到台湾客家服饰研究专家郑惠美的介绍:客家大挽袖上有一个固定挽袖的金蝴蝶。笔者便顺着这个线索查阅了很多老照片和旧时资料。目前只看到两幅照片上留有对大挽袖的处理痕迹,且均为约翰·汤姆逊在 1868~1872 年拍摄的中国影像。其一，满族女性的大挽袖留有与钉缝不一样的痕迹，衣袖后面有着明显的牵拉痕迹（图4-29）。遗憾的是没有看到任何饰品。其二，大挽袖从下垂的手臂上滑脱一半，中间似乎因为有羁绊而没有完全滑落。除此之外，依据英国爱丁堡摄影师汤姆逊于1871年拍摄照片刻制的、我国台湾地区的早期汉人及汉人（除先住民以外都被称为汉人）仕女生活图像的版画，可以明显看到女性衣袖上端有一个下垂拉扯大挽袖的线迹。

（三）开衩

清朝以开衩为贵，袍服多有开衩，官吏士庶开两衩，皇族宗室开四衩。氅衣则左右开衩至腋下，开衩的顶端必饰有云头。对于一个骑射民族来说，一切装束都要可体利落，以便于马上驰骋。例如，他们袍子下幅的开衩，明显是为了骑马方便，以适应游猎民族的生活习惯。

开衩也是有等级限制的，其演变过程可分为两个阶段。第一阶段的袍服为前、后襟下幅及左、右四面开衩，其原因是旗人重骑射，所着之袍与生活方式相适应；第二阶段的袍服为左、右两个开衩，甚至不开衩（称作"一裹圆"），为一般的市民服饰（图4-30）。这主要是由于满族南迁辽沈，入主中原后，与汉族同田共耦，天下承平，旗人生活安定，趋于奢侈，以及受汉族服饰文化的影响。

图4-29　穿大挽袖的旗装女子

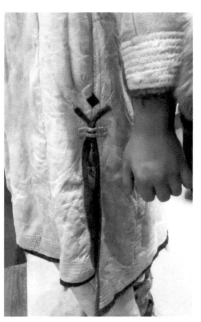

图4-30　袍服局部开衩（伊通满族博物馆藏）

（四）立领

与满族旗袍今天的抱脖立领不同，五代南唐周文矩画的仕女穿有散口直边立领。生活在北方寒冷地区的女真人及满族，从金、元、辽开始，就一直穿着紧收领口的多层盘领服饰。生活在中原地区的汉族人喜欢穿掩襟服饰，因为气候没有边远地区那样寒冷，无须紧收领口。从英国人约翰·汤姆逊于1871年拍摄的影像上看，当时的旗袍已经有了高立领的造型。立领是在服饰逐渐的演化过程中，吸纳多方服饰造型结构，创造出来的适合于民族服饰的部件，是满族服饰的特殊造型，是满族与其他民族习俗的融合体，同时也是形成今天服饰造型的重要部件（图4-31）。

图4-31 鱼荷纹氅衣（沈阳博物馆藏）

第五章
满族服饰材料与工艺

第一节　满族服饰材料

满族服饰材料的选择范围是非常宽泛的，从满族早期到满族后期都有巨大的转变。先是引用中原服饰材料，然后伴随着国门的开启，开始选用东洋以及西洋材料。从金代出土的文物中，可以看到一些中原地区盛产的纺织材料。这也反映出从金代女真人开始，满族先民就在使用由中原生产的服饰材料。

满族服饰材料可以按照其主要成分分为早、中、晚三个时期。

一、清代早期满族服饰材料

早期主要是指在满族民间传说以及史诗中所记载的服饰材料，主要是希望通过这些历史的痕迹，来认识满族先祖所使用的材料，用以解释遗存在今天满族服饰中的一些艺术现象。据《柳边纪略》载："我于顺治十二年流宁古塔，尚无汉人。满洲富者绩麻为寒衣，捣麻为絮，贫者衣狍、鹿皮，不知有布帛。"早期绸布大多来自战场和马市，战场僵尸无不赤脱，可见衣服之金贵。入关后，百姓学会植棉、纺纱、织布。在《儿女英雄传》中所描写的服饰材料则是："衬一件米汤娇色的春绸夹袄，穿一件黑头儿绛色库绸羔儿皮缺襟袍子，套一件草上霜吊混肷的里外发烧马褂儿……"努尔哈赤的汉语直译是"野猪皮"，舒尔哈齐是"豹子皮"，多尔衮是"獾子"。女真人早期以狩猎和采集为生，生存地域气候苦寒，无法产蚕桑而产苎麻。贵贱以布之粗细及皮毛之优劣为别，所以孩子便多以动物和兽皮为乳名。

在满族史诗中就多次提到满族先祖所使用的服饰材料。世居满族库仑七姓于清光绪十六年整理的《海祭神谕》及《东海沉冤录》中记载："众萨满赤臂光脚，腰围鱼皮神裙，系腰铃，佩挂各种鱼骨神偶灵物，蛤蚌、鱼眼珠及石饰灵物，涂满鱼油鱼血，击鼓祈请东海女神德力给奥姆妈妈。"

由鲁连坤讲述，富育光译注整理的《乌布西奔妈妈》中描述："乌布西奔身穿东珠的披肩，银雕的斗篷，白色天鹅绒的长裙，飞鼠皮的金黄彩袖，锦鸡绒编成的围腰……鲸、鲨、虎、熊、豹、獾、狼、猞、狐、蟒、貉等脊梁皮绣制成拖地的神裙彩带。带梢镶嵌着骨哨，银光闪闪的鱼鳞皮制成的彩裤，镶嵌着六百小螺铃，脚穿貂绒编织的彩靴，头戴九纹羽鸟绒编织的百条辫帽，中间三只木雕金鸟展翅昂首，鸟嘴中的珠粒伴随着乌布西奔的神鼓和舞步嘟嘟鸣响。"

在传说中还有萨满先祖教授野麻纺织的记载，这说明纺织工艺已经很早就传入了东北。"安春阿雅拉，变成敌部落的奴隶，怕逃跑，双耳环被主人穿绳和裸体。为了遮挡身体，发明了用兽毛做成线，织成麻布。被敌人打死后，托梦用野麻织布。她的头发变成了野麻，被族人敬奉为纺织女神。"

传说与史诗的内容虽然充满了理想与奇异想象，还是有联想基础的，不可能无中生有，它所提及的材料与现象是在生活中已经存在的。所以从上面这些描述中，可以看到服饰上所应用的各种材料，满族先祖在原始时期主要是采用猎取的动物兽皮和鱼皮，配以野麻纺织粗布。从裙到裤到靴，日常使用的材料以狍子、獾子等中小型动物居多。配饰所用材料也非常丰富，也多取自兽骨、鱼骨，经过打磨后形成装饰品。缝合材料也是源于动物的筋和用鱼皮切成的细线。皮革上少有的花纹也是利用动物和鱼的血液描画上去的，此外也采集生活中植物的花朵、树皮来提取各色染料，以丰富花纹的色彩。受材料所限，在满族早期以及北方少数民族早期服饰上很难看见刺绣工艺，因为无论是鱼皮还是兽皮，皮革的厚度都难以适合刺绣工艺，所以描画与补绣成为主要的美化手段。补绣是将材料叠加起来，用小块材料附加在大块材料上，形成花纹，富有层次感。绗绣是满族在大量使用汉族棉花与棉布材料后，在沿袭传统补绣立体感花纹的基础上，不断发展充实的具有北方特色的刺绣工艺。补花下可加入棉花，形成垫绣，由平面发展成立体。可见，随着材料的丰富，满族服饰的制作工艺与装饰工艺也不断出现新方式（图5-1）。

现在从赫哲族的鱼皮服饰以及其他北方民族服饰中，都可以看到这些材料的遗存。满族许多服饰制作特色也与这些材料相关，尤其是颇有名气的"大镶大沿"，都是源于小张皮革材料的

图5-1　鱼皮剪花

拼接工艺。常见的包边工艺也是为了减少皮革的磨损，在棉布材料比较稀有情况下，作为补充材料。这些源于材料的服饰制作工艺，都在后来的现代大工业纺织材料中变换了存留形式，重新适用于新的服饰面料，成为满族服饰中的特色工艺。

二、清代中期满族服饰材料

满族很早就开始使用中原丝织材料，但当时还只是作为贵族阶层的特殊享用材料。金代出土的服饰基本都是用中原材料所制，花纹织造和材料品质都是由非常成熟的纺织技术生产而成。从所有出土的内外服饰上都很难寻觅到兽皮和鱼皮的踪影，也没有发现粗纺麻布的痕迹。这只能说明从女真人贵族开始，满族先祖就已经开始大量使用中原棉布和丝织材料了。

随着满族脚步的不断南移，满族后人所使用的服饰材料离先祖所使用的材料越来越远，以至难觅踪迹。例如，鱼皮服饰仅仅保留在赫哲族的服饰中；纺织材料成为满族服饰材料的主体，满族服饰皮革材料真正融进了纺织材料，在服饰材料上完成了两种材料的交接转化过程。这些纺织成品材料的大量应用使满族人看到了先进技术的好处，省时省力，美观多样，更能体现人的主观意识。满族从学习中进一步体会到接纳的好处，逐渐形成宽容、拓展、进取的民族意识。在民族历史不断前进变化中，满族把自己民族文化中的特点转化为新的表现形式，使满族由一个部落民族迅速成长为能够统治中国近300年的少数民族，与那些固守习俗的民族形成差异。

人们现在所能看见的满族服饰多是由棉布与丝绸制成，很多中国纺织技术上的顶级产品都出现在满族贵族服饰制作中，如提花、缂丝等（图5-2）。尤其是棉花的使用，在北方服饰生活中占有重要地位。

图5-2 清中期面料

民间有一个关于后母的故事：冬天有一个孩子身上穿的棉衣是厚厚的，可他却依然冻得瑟瑟发抖。而后母的亲儿子身上穿的棉衣非常薄，可孩子却脸色红润。人们非常疑惑，后来才知道那厚厚的棉衣里絮的是芦花，而亲生儿子的棉衣里絮的却是丝绵。满族同北方民族一样在棉服中铺絮棉花。

三、清代后期满族服饰材料

2006年作家出版社出版的《末代皇后的裁缝》一书中，作者周进记述了御用裁缝李春芳提供的皇家服饰材料信息及大量的材料样品。在大清朝的鼎盛时期，宫中袍褂用料十分讲究，有各种的绸、缎、纱、罗、缂丝以及孔雀羽毛、金线、穿珠的衣料。这些做工精美的衣料，都是由宫中派人到江宁织造、苏州织造、杭州织造（并称江南三织造）衙门监督生产的。袍褂等衣裳样式也是由宫廷如意馆的画师画样，经皇帝审定，由江南三织造定制。当时，宫廷中各种匠作约有43类，单是为皇上及后妃家眷做衣裳的匠作就有7个，包括绣作、裁缝作、毛袄作、绦作、缨作、皮作及毡作。

在民国的伪满时期，"自从到了长春，春儿为皇上和皇后采办丝绸绢麻等衣料，都是到一个印度人开办的布鲁洋行。""布鲁洋行不仅经营江南丝绸，而且经营从日本、欧洲、美洲进口的高档衣料。"《红楼梦》中因曹家历代世袭江宁织造而含有大量服饰材料的描写，如云锦、妆缎、羽缎、绫、纱罗、绸绢及缂丝等。《大清会典事例》中记有很多外国贡品，如"荷兰的乌羽缎、羽缎、东洋的哆罗呢料"。

从这些样品和历史图片资料来看，我国清代末期应用了大量东洋和西方纺织产品（图5-3）。随着现代大工业的逐渐东移及民族工业的兴起，宫廷与民间都逐渐放弃自给自足的手工纺线织布技艺，取而代之的是机械纺织面料，为此清代服饰面料呈现出日本和西洋的特点。服装制作机械的出现，也使缝合材料由短短的动物筋线变成了长长不断的丝线，丝线

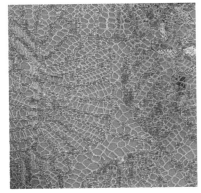

图5-3 清末宫廷进口面料

更适合丝、棉等民族服饰面料。满族服饰材料与西南少数民族服饰材料的区别正是这些现代化面料的应用。西南少数民族至今都保留有自己的纺织技艺、花边刺绣技艺。而满族不仅服饰材料是机械纺织的，就连最有特色的花边绦子也是机械编织的。满族比其他少数民族较早地接纳了现代化工业成就，不是贵族阶层的接纳，而是民族整体上的接纳。在民族工业发展起来以后，服饰面料中才融入了中国传统面料的花色图案。

绦子，满语"绦汗"，花边的意思。满族服饰中的花绦子别具民族特色。其主要用来镶嵌衣服的边缘，如领口、袖口、襟边及下摆等，采用的是提花织物技术。花边宽窄不一，窄的为1厘米，宽的约3厘米。机械生产大大提高了生产质量与产量。绦子利用提花浮线，在设计上保持了手工刺绣风貌，重色上托纯色。用于满族服饰的花绦子还有自己的特色，就是在窄窄的花边上进行对比色彩的设置，多道色彩形成多种对比层次。将这种花边应用到服装上，会形成多道花边的感觉，而实际上只是一条花边，满足了满族"十八道镶嵌"的特色要求。民间服饰多使用窄花绦，黑色底上织红绿紫花，对比艳丽。而宫廷服饰上的花绦子则多是黑底子上托金银花，以彰显富贵。现在这种花绦子已经被其他少数民族广泛应用到自己的民族服饰上，取代了手工刺绣花边。

总体来看，满族服饰材料整体发展变化的脉络是由各种动物与鱼类皮革起步，而后接纳中原纺织技术，天然的棉毛丝麻材料逐渐成为服饰主体。满族服饰晚期经历了西风东渐，服饰面料也逐渐扩大到西方材料。到此时，满族服饰依旧是天然材料，今天随着世界纺织科技的发展，满族服饰面料所选用的纺织材料已经扩展到化学材料（表5-1）。此外，由于服装材料的变化，清代宫廷、民间常见服饰的尺寸也随之改变（表5-2）。

表5-1　清代宫廷、民间常用服饰面料与刺绣针法

机织面料		皮革裘	刺绣针法		特技
妆花缎	剪绒	貂皮	平针	平金	二三色间晕
素纺绸	实地纱	羔羊皮	套针	平绣	退晕
色绫	直经纱	灰鼠皮	施针	补绣	淡墨勾画

机织面料		皮革裘	刺绣针法		特技
暗花绫	通梭	银鼠皮	缠针	缂金	淡彩渲染
暗花绸	羽毛纱雨衣	羊皮	锁线	金板	孔雀羽线
春绸	漳绒	熏貂皮	正反戗、长短戗、木梳戗、凤尾戗	平缂、构缂、搭梭、齐缂、戗缂、套缂、掼缂、缂鳞、缂金	双圆金线
机织绦带	绒圈	狐狸皮	接针	圈金绣	铜鎏金錾花扣
素纺	割绒	紫貂皮	钉线	辫绣	铜光素扣
织金缎	纳纱	天马皮	正一丝串、打点绣	钉绫	珊瑚
挖梭	纳绣	海龙	斜一丝串	绒绣	
挖梭妆花	提花	玄狐裘	打籽针	盘金	
羽毛缎	薄丝绵	梅花鹿皮	缉线	双面绣	
		黄熏鹿皮	桂花针	龙抱柱线	
		撒林乌皮	扎针	参和针	
		毡	斜缠针	松针	
		呢	滚针	网针	
		出锋	施毛针	鸡毛针	
			齐针	缉米珠绣	
			刻鳞针		

表5-2 清代满族宫廷、民间服饰的常见尺寸

时期	品名	上衣尺寸 / 厘米	下裳尺寸 / 厘米	备注
早期	绵袍	身长93，通袖70，袖口8	下摆64	女
		身长110，通袖125，袖口20	下摆110，左右裾52，前后53	女
		身长113，通袖130，袖口11	下摆96，左右18，前后22	男
	袷袍	身长108，通袖135，袖口12	下摆92，左右17，前后37	男
		身长118，通袖144，袖口12	下摆102，左右20，前后23	男
	龙袍	身长112，通袖136，袖口12	下摆100，左右18，前后31	男
	衮服	身长87，通袖110，袖口20	下摆85，左右39，后30	男
	单袍	身长133，通袖211，袖口17	下摆141，左75	不详
	袷褂	身长107，通袖117，袖口18	下摆96，左右45，后50	不详
	冠	高20，口径30，冠缘径36	—	男

续表

时期	品名	上衣尺寸/厘米	下裳尺寸/厘米	备注
顺治	裤	—	长125，裤口29	男
	祫袍	身长116，通袖142，袖口12	下摆102，左右20，前后34	男
	龙袍	身长112，通袖132，袖口12	下摆98，左右16，前后31	不详
	衮服	身长92，通袖87，袖口24	下摆85，左右32，后27	男
	单袍	身长138，通袖184，袖口14	下摆134，左右85	女
		身长140，通袖180，袖口15	下摆136，左右87	女
	袍片	身长118，通袖145，袖口14	下摆105，前后31	男
	靴	长32，高60	—	男
康熙	绵甲	上衣长78，肩宽43，下摆77	下裳腰围100，高92	男
	褂	身长85，通袖94，袖口23	下摆78，左右42，后40	男
		身长146，通袖170，袖口21	下摆140，左右73	女
	祫褂	身长135，通袖127，袖口18	下摆109，左右52，后55	女
	棉褂	身长152，通袖176，袖口21	下摆140，后裾78	女
	童棉袍	身长64，通袖91，袖口10	下摆60，左右13	女
	朝袍	身长150，通袖194，袖口19	下摆152，开裾53	不详
		身长151，通袖163，袖口15	下摆142，开裾50	男
		身长150，通袖208，袖口18	下摆153，左裾54	男
		身长146，通袖194，袖口14	下摆133	男
		身长148，通袖200，袖口17，披领横106、纵35	下摆138	男
		身长149，通袖190，袖口15	下摆150，左裾52	男
		身长150，通袖204，袖口17	下摆185，左裾54	男
		身长137，通袖178，袖口8，披领横94、纵34	下摆126，后开67	女
	祫袍	身长136，通袖169，袖口13	下摆125，开裾51	不详
		身长146，通袖193，袖口16，披领横100、纵34	下摆172，左裾33	男
		身长153，通袖189，袖口16，披领横103、纵35	下摆138，左裾52	男
	衮服	身长106，通袖142，袖口26	下摆116，左右52，后开43	男
		身长109，通袖146，袖口28	下摆118，左右51，后42	男
	行褂	身长75，通袖100，袖口26	下摆78	男
		身长70，通袖102，袖口26	下摆84	男
		身长76，通袖104，袖口30	下摆88，左右25，后裾33	男

时期	品名	上衣尺寸/厘米	下裳尺寸/厘米	备注
康熙	行袍	身长124，通袖168，袖口17	下摆120	男
		身长126，通袖180，袖口17	下摆128，前后43	男
	行袍	身长139，通袖196，袖口15	下摆136，前后54	男
	朝裙	裙长124，带长75	下摆197，腰围98，腰高17	女
	锦袜	长24，高46	—	女
		长24，高46	—	女
		长24，高47	—	女
		长24，高47	—	女
		长24，高61	—	女
		长24，高55，口宽27	—	女
	靴	长25，高53	—	男
		长32，高60	—	男
	雨衣	身长127，通袖194，袖口23，小掩襟长59、宽16	下摆136，左右56，前后54	男
	紧身	身长107	下摆96，左裾30，右裾28	男
雍正	行裳	—	长89，腰围106，下摆122	男
		—	长97，腰围110，带长247，里带90	男
		—	长99，带长137，下摆110，前裾69	男
	褂	身长142，通袖181，袖口26	下摆137，后裾69	女
	朝褂	身长133，肩宽42	下摆173，后裾85	女
	朝袍	身长149，通袖200，袖口16，披领横106、纵38	下摆172，左裾54	男
		身长145，通袖198，袖口16，披领横92、纵32	下摆170，左裾54	男
	吉袍	身长146，通袖177，袖口19	下摆126，左右79	女
		身长142，通袖194，袖口18	下摆130，左右23，前后40	男
		身长140，通袖197，袖口15.5	下摆129，左右22，前后40	男
	祭袍	身长144，通袖196，袖口17，披领横93、纵32	下摆149，左裾47	男
		身长145，通袖192，袖口18，披领横100、纵34	下摆136，左裾61	男
	朝裙	身长135，肩宽36	下摆208，左裾102，垂带长80、宽6	女

续表

时期	品名	上衣尺寸 / 厘米	下裳尺寸 / 厘米	备注
雍正	龙袍	身长143，通袖198，袖口17	下摆126，左右23，前后40	男
		身长144，通袖192，袖口16	下摆126，左右24，前后52	男
		身长147，通袖149，袖口18	下摆128，左右24，前后53	男
		身长142，通袖176，袖口17	下摆121，左右26	男
		身长150，通袖214，袖口20	下摆120，左右27，前后59	男
		身长148.5，通袖176，袖口21	下摆128，左右80	女
		身长147，通袖185，袖口21	下摆124，左右87	女
		身长148，通袖124	下摆134	料
		身长147，通袖106	下摆123	料
	蟒袍	身长138，通袖190，袖口18	下摆120，前后61	男
		身长148，通袖178，袖口19	下摆122，左右84	女
		身长148，通袖178，袖口19	下摆122，左右84	女
	朝袍	身长145，通袖194，袖口16	下摆166	男
		身长134，通袖163，袖口20.5，披领横104、纵49	下摆112，后裾60	女
		身长148，通袖190，袖口16，披领横100、纵33	下摆146	男
		身长144，通袖190，袖口17，披领横100、纵34	下摆167	男
		身长145，通袖195，袖口16	左右55，后50	男
	祭服	身长144，通袖194，袖口17	下摆160，后裾18	男
		身长142，通袖192	—	男
	袷袍	身长140，通袖172，袖口17	下摆124	—
		身长147，通袖173	—	不详
		身长143，通袖171	—	不详
		身长140，通袖181.7	—	女
		身长142，通袖174，袖口18	下摆116，左右78	女
		身长144，通袖168，袖口18	下摆124，左右81	女
		身长142，通袖184，袖口19	下摆122，左右70	女
	袷袍	身长145，通袖177	—	女
		身长144.5，通袖183	—	女
	单袍	身长140，通袖190，袖口16	下摆126，左右23，前后50	男
		身长147，通袖150，袖口21	下摆123，左右85	女
		身长151，通袖176，袖口19	下摆126，左右80	女
		身长145，通袖191，袖口21	下摆132，左右78	女

时期	品名	上衣尺寸/厘米	下裳尺寸/厘米	备注
雍正	棉袍	身长153，通袖192	—	女
		身长138.5，通袖188	左右79.5	女
		身长144，通袖180，袖口18	下摆122	女
		身长148，通袖170，袖口19	下摆130，左右83	女
	绵袍	身长145，通袖190，袖口18	下摆168，左右85	女
		身长139，通袖182，袖口20	左右78	女
		身长146，通袖194，袖口18	下摆126，左右23，前后55	男
	夹袍	身长148，通袖204，袖口20	下摆120，左右23，前后58	男
		身长145，通袖182，袖口18	下摆124，左右85	女
		身长144，通袖174，袖口16	下摆124，左右79	女
	朝褂	身长130，肩宽40	下摆120，左右裾80	女
	常褂	身长113，通袖149，袖口30	下摆103，左右后52	不详
	衮服	身长116，通袖148，袖口27	左右55，后50	男
		身长110.7，通袖114.4，袖口27	下摆148	男
	棉褂	身长147，通袖169.5	后开84	女
		身长146，通袖194，袖口24	下摆144，后开75	女
		身长146，通袖194，袖口24	下摆144，后开75	女
	袷褂	身长138.5，通袖172.5	后开70	女
		身长136，通袖173，袖口26	后开70	女
	单褂	身长146，通袖178，袖口23	后开88	女
		身长146，通袖134，袖口21	下摆124，左右后83	女
	夹褂	身长146，通袖186，袖口26	下摆140，左右83，后70	女
		身长152，通袖180，袖口23	下摆140，后84	女
		身长142.5，通袖182，袖口25.8	下摆126.6，后82	女
	吉袍	身长146，通袖186，袖口19.5	下摆123，左右69	女
	夹袜	长24，高30，袜口16	—	女
	帔	身长117，通袖223	下摆104	戏衣
	单袍	身长87.5，通袖136.8	下摆90.6	戏衣
嘉庆	单袍	身长146，通袖172，袖口20	下摆124，左右裾76	女
	朝袍	身长139，通袖174，袖口21	下摆118，左右81	女
		身长135，通袖194，袖口22	下摆120	女
		身长144，通袖200，袖口20	下摆156，左裾34	男
	龙袍	身长148，通袖180，袖口16	下摆140，左右53	女

续表

时期	品名	上衣尺寸/厘米	下裳尺寸/厘米	备注
嘉庆	袷袍	身长148，通袖180，袖口19	下摆127，左右80	女
		身长145，通袖202，袖口19	下摆116，前后58	不详
	袷褂	身长140，通袖182，袖口20	下摆122	不详
		身长147，通袖167，袖口19	下摆124，后开83	女
		身长140，通袖186，袖口24	下摆112，左右79	女
	马褂	身长63，通袖120，袖口29	下摆80，左右裾13，后裾14	男
	衬衣	身长146，通袖167，袖口17	下摆124	女
	棉褂	身长141.5，通袖174	—	不详
		身长133，通袖162，袖口21	下摆122，左右82，后75	女
道光	衬衣	身长137，通袖180，袖口22	下摆119	女
		身长138，通袖180，袖口24	下摆117	女
	坎肩	身长132，肩宽33	下摆119，左右裾79，后裾70，垂带长80、宽3~5	女
	袷袍	身长138，通袖204，袖口42	下摆122，左右83	—
	朝袍	身长145，通袖200，袖口19	下摆142，左右74	不详
	朝褂	身长139，肩宽40	下摆122，左右83	女
	朝褂	身长144，肩宽39	下摆123，左右83	女
		身长130，肩宽42	下摆110	女
	补服	身长117，通袖166，袖口29	下摆106，左右70	男
	鞋	高17，长19.5	—	女
咸丰	氅衣	身长138，通袖190，袖口30	下摆116，左右80	女
	龙袍	身长141，通袖169，袖口17	下摆122，左右78	女
	朝袍	身长148，通袖172，袖口20	下摆122，后裾68	女
	单袍	身长147，通袖173，袖口披领横89、纵33	下摆126，左右82	女
	朝裙	身长143，肩宽30	下摆180	女
同治	氅衣	身长134，通袖122，袖口26	下摆115，左右裾76	女
		身长140，通袖112，袖口33	下摆116，左右裾79	女
	衬衣	身长139，通袖182，袖口30	下摆115	女
	坎肩	身长141，肩宽40	下摆108	女
		身长72	下摆64，左右裾15，后裾20	女
		身长138，肩宽44	下摆117	女
		身长67，肩宽35.5	下摆71，左右开裾14.5，后裾15.5	女

时期	品名	上衣尺寸/厘米	下裳尺寸/厘米	备注
光绪	褂	身长130，肩宽42	下摆110	女
	马褂	身长66，通袖132，袖口21，领7	下摆73，左右开裾12，后开17	女
		身长62，通袖136，袖口20	下摆70，左右后17	女
		身长74，通袖124，袖口30，领4	下摆92，左右12，后18	不详
		身长74，通袖122，袖口34.3	下摆96，左右9，后开20	女
	龙袍	身长138，通袖195，袖口26	下摆116，左右79	男
	便袍	身长130，通袖136	下摆84，不开裾	—
		身长134，通袖137	下摆54	女
	袷褂	身长141，通袖181，袖口25	下摆116，后开80	女
	棉褂	身长135，通袖176，袖口22	下摆114，后开76	女
		身长144，通袖212，袖口24	下摆118	女
	氅衣	身长131，通袖116	下摆111，左右开裾腋下	女
		身长145，通袖134	下摆132	女
		身长137，通袖122	下摆118	女
		身长143，通袖136	下摆122	—
		身长104，通袖114，袖口31	下摆114，左右裾73	—
		身长136.5，通袖132，袖口35	下摆115，左右58	—
		身长137，通袖123，袖口28	下摆116	—
		身长132.5，通袖116，袖口33.5	下摆114，左右72	—
	衬衣	身长136，通袖135	下摆114	女
		身长134，通袖130，袖口23	下摆114	女
		身长140，通袖122	下摆121	女
		身长134，通袖127，袖口24	下摆106	女
		身长140，通袖132，袖口25	下摆138	女
	坎肩	身长62，肩宽40	下摆74	—
		身长70，肩宽39	下摆86	女
		身长71，肩宽40	下摆87，左右开裾	—
		身长141，肩宽39	下摆116	—
		身长71，肩宽42	下摆93	女
		身长76，肩宽39	下摆78	男
		身长138	下摆118	女
		身长75，肩宽35	下摆83，左右9，后21	女

续表

时期	品名	上衣尺寸/厘米	下裳尺寸/厘米	备注
光绪	鞋	高18，长22	—	女
		高17，长21.5	—	—
	帽	高12，口径20	—	男
晚清	马褂	身长77，通袖164，袖口39	下摆90，左右14，前后17	不详
	坎肩	身长139，肩宽40	下摆116	女
		身长139，肩宽38	下摆118，左右75	女
	朝袍	身长130，通袖214，袖口25	下摆114	男
	童袍	身长79，通袖114，袖口17	下摆96	男
	袄	身长54，通袖134，袖口22	下摆44，左右11，后14	女
不详	冠	通高30，口径23	—	男
		高16，口径30	—	男
		高18，口径31，檐宽9	—	男
		高30，口径16，冠顶26	—	女
	彩帨	长110	—	女
	端罩	身长120，通袖84，袖口28，垂带66	下摆112，左右57，后55	男
		身长134，通袖176，袖口24	下摆125，后开74	男
		身长122，通袖170，袖口21	下摆102，左右58，后65	男
	吉袍	身长143，通袖216，袖口18	下摆124	不详
	皮褂	身长87，通袖128，袖口32	下摆100，左右后34	男
	马褂	身长73，通袖120，袖口34	下摆80，左右5，后8	男
		身长62，通袖140，袖口21	下摆74，左右12，后17.5	女
		身长68，通袖144，袖口32	下摆80，左右13，后17	男
		身长73.5，通袖122，袖口35.5	下摆94，左右7.5，后19.5	女
	套裤	—	长75，宽23~33，开裆15	女
	行裳	—	长96，腰围90，下摆102	男
	行褂	身长71，通袖127，袖口26	下摆82	男
	夹衣	身长129，通袖200，袖口21	下摆80，前后58	男
		身长126，通袖193，袖口21	下摆94，前后62	男
清中	袷袍	身长145，通袖190，袖口18	下摆130，左右23，前后56	不详
	朝袍	身长135，通袖182，袖口20，披领横93、纵35	下摆124	男

注　此表依据故宫博物院数据、私人藏品数据整理。

第二节　满族服饰工艺

清政府以"为我所用"的态度坚守"马背民族"的满族特色，从崇德元年即1636年起，清政府就规定"凡汉人官民男女，穿戴俱照满洲式样。男人不许穿大领大袖、戴绒帽，务要束腰；女人不许梳头、裹足。"汉族女装在"男从女不从"的宽松政策下，不必遵从满族服饰制度，仍承明俗着右衽式袍服（明朝服饰制度摒弃了辽金元的左衽式袍服，恢复汉俗的右衽。上采周汉，下采唐宋，经过20多年的调整，1393年即洪武二十六年基本确定）。

一、原始工艺演化成现代技艺

在原始时期由于满族人选用兽皮和鱼皮制衣，所以他们经常会使用拼接工艺将小张皮革连缀成较大的面料（图5-4、图5-5）。大家所熟悉的成语"集腋成裘"就是这种工艺的描述。拼接工艺可将毛皮优质部位连缀在一起，形成高档的服饰。用于皮革制作方面的工艺多为联针，其使厚重面料避免由于翻卷而出现线棱，影响穿着时的舒适性，皮革在连接后依然保持面料的平整性。满族原始服饰制作工艺是与原始服饰面料相适应的工艺，原始拼接工艺演化成现代的镶嵌技艺。镶嵌工艺使用了与皮革连缀工艺不同的针法和处理技术。

图5-4　用于缝制的鹿筋

图5-5　兽骨制针

这种原始皮革面料上所采用的拼接工艺，随着服饰面料转化成棉、丝面料以后，由拼接变成了附加后的镶嵌，就逐渐演变成镶嵌工艺。镶与嵌是两种不同的工艺。镶，是不去掉底料，而是在底料上再附新的材料。将新料镶条边缘内转叠压在下面，使面料和镶条成为有凸起效果的一体。一般在镶花绦时，选用和花绦相同的色线，使用拱针将花绦固定在服饰上。如果选用与服饰面料相同的布料，则会采用缲边的方法，把缝合线藏在布料里，形成外表光滑的效果。嵌，是将新嵌料夹在两块布料中间，平坦光滑，形成富有变化的整体。"嵌"的工艺是将缝合边缘放在一面，贴合在内，外表根本看不到缝合线。由于过去家织布料幅宽为2.2～2.4尺（72.6～79.2厘米），在裁剪袖子时还是需要拼接面料才能满足需求。满族人在利用拼接工艺制作袍服时，将另色布或花绦子加入其中，既满足了拼接需要，又成全了一种特殊的装饰手段。

满族服饰中有很多独立存在的服饰结构，如套裤、箭袖口（龙吐口）、领衣、一字马甲、缺襟袍服等。满族由于受民族习俗的影响，在服饰上选择了很多可以拆卸的服饰结构，这样在制作时可以完成局部工序方式制作，最后再把可以独立存在的零部件缲缝到位。也就是说，即便后来没有缲缝上补充部件，服饰整体上也具有完整的感觉。为了方便装卸，在服饰上应用了很多缲针方法，如立领的缲针。在没有缲上立领的时候，整件服装就已经是一件圆领口的衣服。由此形成的制作工艺程序就有了倒叙或是补充说明的感觉。

二、工业化的影响

历史把满族服饰带到了工业文明的前列，使晚清满族服饰在具有传统手工技艺美感的同时也具有了机械工业的美感，体现出科学技术的现代感，这也是很多少数民族技艺消失的关键原因。现代工业的介入，使传统技艺失去了用武之地（图5-6）。人们开始模仿机械作业后所呈现的效果，审美思想开始由自然随意转向规范严谨。从晚清服饰工艺上很难辨认出工业文明的印记，因为初级机械缝制工业与手工精心制作技艺的效果基本一致，手工拱针也能通过细小针脚，排列出缝纫机械制作的规范效果。线迹规范划一，针脚、针距非常均匀，很多服饰制品都需要看背后，通过背面的断线接头、回针、倒针来判断是手工制作还是工业机械制作。用工业缝纫机械化替代手工劳作，是有史以来中国服饰历史上重大的技术改革，满族有幸成为承担这一重任的民族。

由于工业技术的介入，服饰制作得到了快速发展。缝纫机提高了服饰制作的速度，提高了服饰制作的质量，服饰美感开始体现出大工业文明的气息，整齐划一的线迹代替了手工操作的自由随意（图5-7）。与苗族人边走边刺绣的花带不一样，满族人所用的花边绦子都是通过机械提花织造出来的。特别是西方表现人体起伏的服饰设计思想，更促使满族服装逐步与今天的服饰审美观念相吻合，满族旗袍因接纳西方设计理念而随身合体，民国时期以后在女性之间流行起来。

"十八镶嵌"更与西方同时期的文化思潮形成共振（图5-8）。用宽窄色布条进行镶嵌绲荡的装饰处理多集中于腕部、肘部、肩部、侧衩等部位。长袍下摆偶有包绲，而马甲和马褂底边则用有简有繁的各色布牙进行包绲装饰，还有用色布在摆角处盘成装饰图案。虽为多道镶嵌花边，但花边的总宽度仍能以寸计算，侧衩双边的镶嵌包绲宽度不超过肩襟的总宽度，还没有达到镶嵌盖压面料的程度。衩口顶端部位也是用平直或圆滑的弧线处理，衩口镶嵌包绲的装饰线条总体为流畅、精细、利落、平直。

中国在引入缝纫机工艺技术的同时也把中国的民族服饰引向了未来，引向了历史的新阶段。

图5-6　清末的家庭缫丝

图5-7　民国时期的熨斗

图5-8　十八镶嵌的工艺

三、男、女便服裁剪方法

满族的传统日常服饰中多为便服与袍，大多由家中女性长辈承担裁剪与制作。过肩连袖长袍现在多为曲艺演员所使用。曲艺演员多为男性，对胸高要求不突出，袍身比较宽松肥大，基本保留了传统的裁剪方式。传统男、女便装中以男对襟、女大襟为主要裁剪方式，男装对襟没有太多改变，而女装大襟形式则有很多变化与发展。

（一）女大襟上衣裁剪方法

男、女便装在裁剪前都需要进行叠布。旧时的长袍剪裁基本与大襟便服相似，都是叠布后再按个人需要裁剪布料。虽然是平面裁剪，但由于在叠布的时候有移位，有经验的人会把前胸后背的量借出来，借量的多少则依据操作者经验的积累，在服装完成缝制后，会以与人体贴合平服效果做出评判。技术欠缺的人，服装做出来以后会前挺后撅，袖弯处会有牵拉出的皱褶。另外，旧时女性没有胸衣或束胸，胸前比较平坦，没有对胸省的要求，平面裁剪的大襟便服是可以满足生活需要的。

① 女大襟上衣裁剪前的叠料（图5-9）

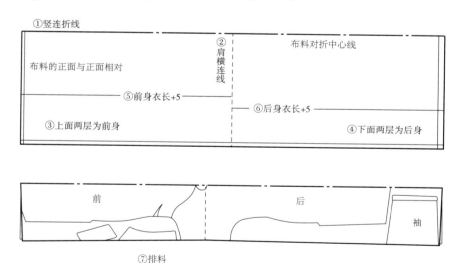

图5-9 女大襟上衣裁剪前的叠料与排料（单位：厘米）

①竖连折线：将布料的正面与正面相对，按长度方向连折成双层。

②肩横连线：再按横向折叠成四层。

③前身：上面两层。

④后身：下面两层。

⑤前身衣长：由左端布底边线向右，取衣长+4.3厘米，可按前身衣长+5厘米余量预留。

⑥后身衣长：由前身衣长向右，取衣长+3.3厘米，可按后身衣长+5厘米余量预留。

按测量尺寸再画出具体裁剪线。

⑦排料：图5-9为传统幅宽面料的排料方式。现代宽幅面料，可以直接连裁袖子。

② 女大襟上衣开大襟裁剪方法

便服中大襟的开拔工艺是一个重要环节（也有人称抽大襟、拔大襟）。这是利用归拔工艺，利用布料特点，将没有余量的两片大襟开口叠合。因工艺技术难度大，以及女性胸高的不断变化，稍有不慎，就会出现大襟开口处裂豁，露出里襟片及缝线，从而影响服装的美观性。后有人在旗袍大襟上加挂玉石类缀串饰物，借饰品的重量，压服大襟，并赋美名"压大襟"（图5-10）。

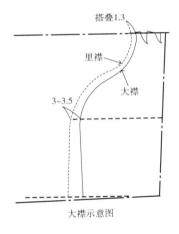

大襟示意图

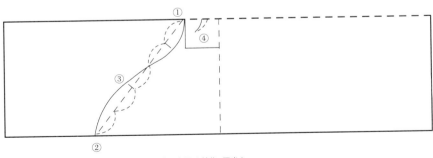

图5-10　女大襟上衣开大襟裁剪方法与大襟示意图（单位：厘米）

①大襟头：由前身衣长线起，沿前身竖连折线向左，取领长1/5+1厘米，画一条直线。

②开襟口：由前身竖连折线向下，取胸围/4+1厘米，右接前身衣长线，左连底边线，画一条横线，作为前身宽线；再由前身衣长线起，沿前身宽线向左，取胸围/4+1.7厘米，定为开襟口。

③大襟弯：由大襟头起连接开襟口画辅助线；于辅助线上端1/5处向右1.7厘米取一点，下端2/5处向左2厘米取一点。通过辅助线上端2/5处，连接两点和辅助线两端，画两条相连的弧线，构成大襟弯。

④剪大襟口：按大襟弯弧线，将上层布料剪开。然后由大襟头起，沿前身竖连折线向右剪至前身衣长线。取其中间将上下两层布料剪条斜口，斜口深不得超过领长/10-2厘米，为提大襟及拔里襟做好准备。

3 女大襟的提大襟与拔里襟方法（图5-11）

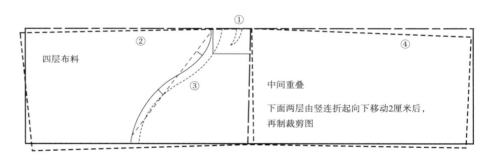

图5-11 女大襟的提大襟与拔里襟方法（单位：厘米）

将上边一层布料的左右两端（连折肩线边）向下偏出2厘米，使上层布料向下移动，这样底边两端的上层比下层布料多出4厘米左右，而折肩线底边的上层布料比下层布料则多出2厘米左右。

①将提大襟剪口处下层布料对口重叠1.1厘米，用糨糊固定，用熨斗烫平，使大襟相应地向上提起1.1厘米。

②将前身上层布料，由竖连折线向下移动1.7厘米，使大襟随之上提。

③由提大襟剪口处，将上层布料大襟头向左拔出1.3厘米，用熨斗烫平，使大襟头能够掩住里襟2.3厘米。

④将后身上层布料，由竖连折线向下移出1.7厘米。里襟随之向下倾斜，使大襟能够掩住3~3.5厘米。

通过前后片、上下片的错位移动，等于借出了胸省量。裁剪后是看不到这些移动量的。完成这些准备工作后，把大襟与里襟用线固定好，再按衣长将前后身横折成四层，下面两层由竖连折线向下移动2厘米后，再画线制裁剪图。

4 女大襟上衣裁剪方法（表5-3、图5-12）

表5-3　女大襟上衣数据

部位	衣长	胸围	袖长	领长	中腰	袖口宽
长度/厘米	53	102	71	37	36	18

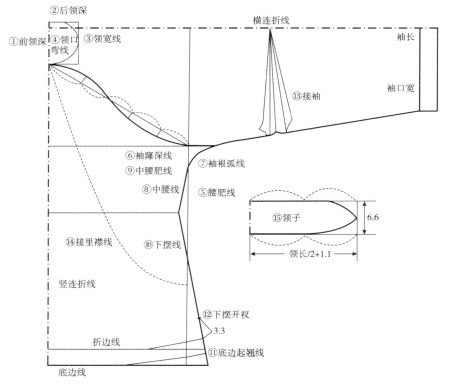

图5-12　女大襟上衣结构部位名称及裁剪方法（单位：厘米）

①前领深：由衣长线向下，取领长2/10厘米，画一条直线。

②后领深：由衣长线起，沿后身竖连折线向上1.1厘米，画一条直线。

③领宽线：由竖连折线起，沿领深线向右，取领长2/10-2厘米，上接衣长线，画一条直线。

④领口弯线：由衣襟接缝线与前领深线交点起，连接领宽线至横连折线1/4处画弧线，弧线最深点距离前领深线与领宽线交点2.3厘米，再由弧线顶端连接后领深线，取竖连折线至领宽线中间画弧线，弧线最深点距离后领口深线与领宽线交点1.1厘米。

⑤腰肥线：由竖连折线起，向右取胸围/2+1.1厘米，上接衣长线，下连底边线，画一条直线。

⑥袖窿深线：由横连折线起，沿腰肥线向下取胸围/2-2.3厘米，画一条横线。

⑦袖根弧线：由腰肥线与袖窿深线交点起，沿腰肥线向下3.3厘米，再沿袖窿深线向右3.3厘米，连接两点画弧线，弧线最深点距离腰肥线与袖窿深线交点1.7厘米。

⑧中腰线：由衣长线起，沿竖连折线向下，取中腰尺寸，右接腰肥线，画一条横线。

⑨中腰肥线：由腰肥线起，沿中腰线向左1.7厘米，上接袖窿深线下端，画一条斜线。

⑩下摆线：由腰肥线起，沿底边线向右3.3厘米，上接中腰线右端，画一条向下稍微有弧度的斜线。

⑪底边起翘线：由底边线起，沿下摆线向上2.8厘米，向左连接底边线2/3处，画一条向下稍有弧度的斜线。

⑫下摆开衩：由折边线起翘线起，向上取3.3厘米，为开衩深。

⑬接袖：按前身接袖缝取袖长尺寸（袖长由竖连折线起），即袖长+5.3厘米（包括两个缝份和折边在内）。袖口宽取袖口宽+1厘米缝份。

⑭接里襟线：裁剪时根据布料情况，适当将里襟接长。

⑮领子：由领下口线、领宽线、领下口起翘线、前领角组成。女装领下口起翘量比较大，前领角弧度较小。

（二）女无袖旗袍裁剪部位的名称（图5-13）

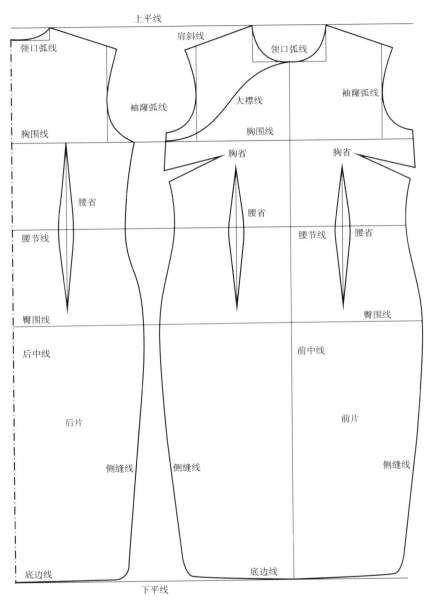

图5-13　女无袖旗袍裁剪部位的名称

（三）女无袖旗袍的归拔方法（图5-14）

通过归拔工艺改变布料经纬纱的走向，改变织物密度。胸、臀的位置多使用归的手法，肩、腰部则需要用拔的手法，在高温的作用下定型，将布料熨烫出符合人体起伏变化的弧度。铺开经过归拔后的衣服时，衣服是无法铺平整的，会有与人体一致的起伏变化。三角线为"归"工艺的标记，弧线为"拔"工艺的标记。归是通过加热将布纤维间距离拉近增加内聚密度，形成减量。拔是通过加热将布纤维间距离拉远，增加散开距离，形成余量。

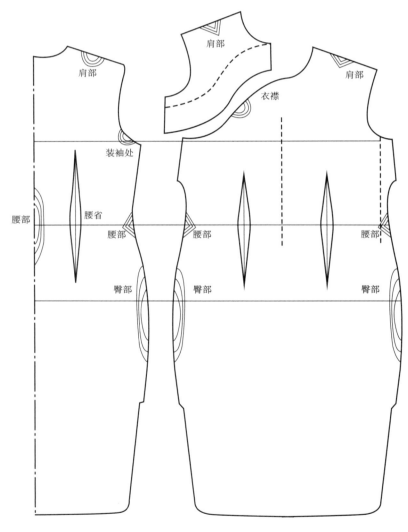

图5-14　女无袖旗袍的归拔方法

（四）女无袖旗袍的结构图裁片图（图5-15）

无袖旗袍是女性夏季使用最多的现代旗袍款式。衣身部位的裁剪方法为常用基础方法。

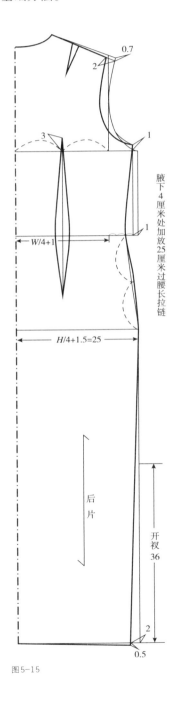

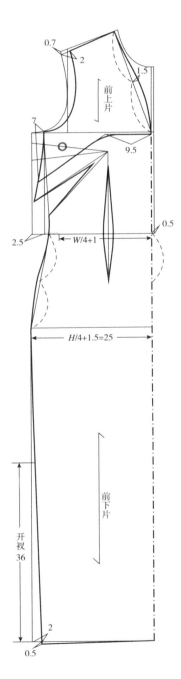

图5-15

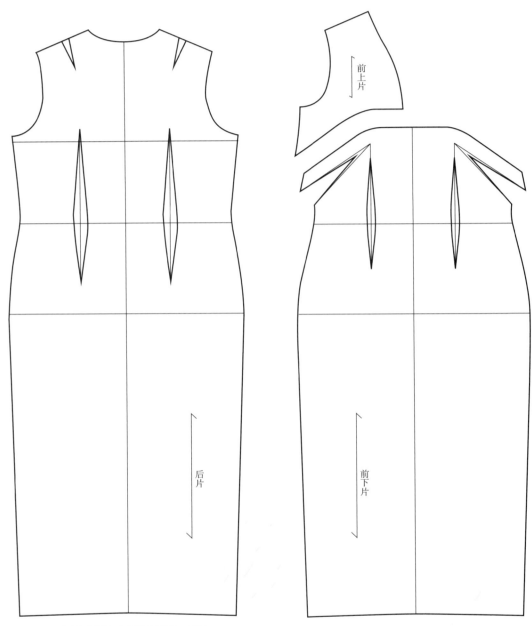

前上片

前下片

后片

图5-15 女无袖旗袍的结构图与裁片图（单位：厘米）

（五）女绱袖旗袍的裁剪图（图5-16）

现在多采用绱袖结构来解决因胸高所带来的余量问题，以避免腋下皱褶。

利用过肩裁断线，一侧固定，留出一侧作为开合口，满足头围的要求，免装拉链。加侧缝拉链，使旗袍更加贴合身体。

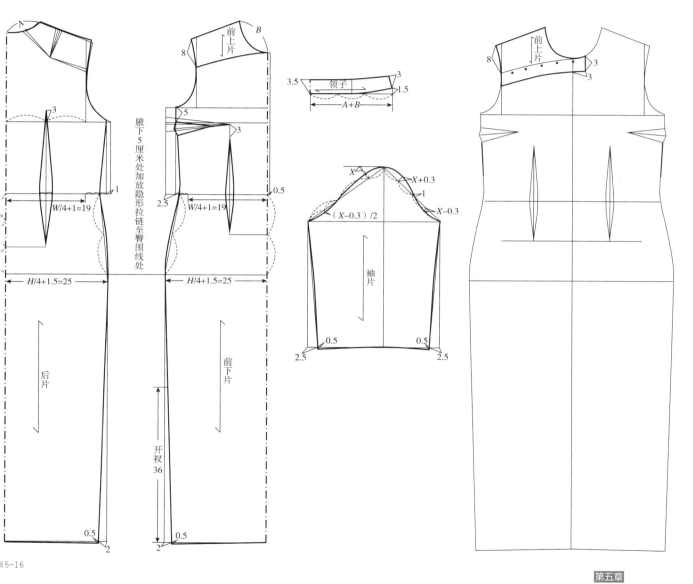

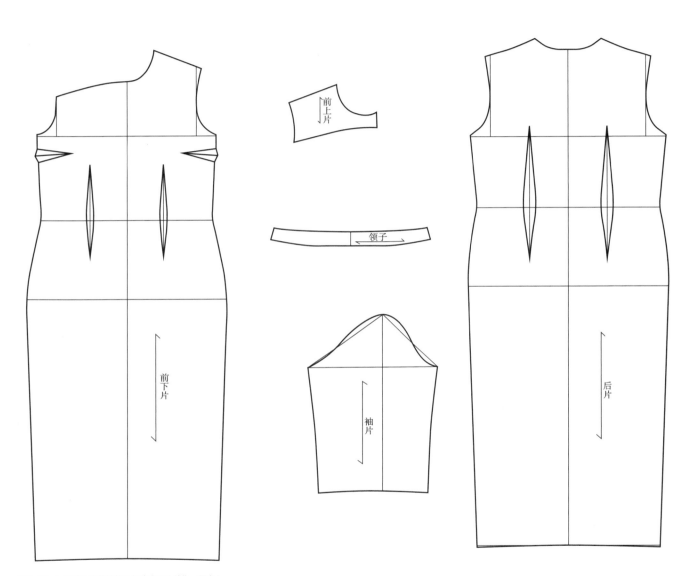

图5-16 女绡袖旗袍的结构图与裁片图（单位：厘米）

（六）女连肩袖旗袍的结构图与裁片图（图5–17）

过肩连袖旗袍的裁剪方式难以满足现代人胸高的要求。为了配合社会发展以后的新需求，旗袍裁剪借鉴西式裁剪方式，做出了很大的变化。首先是将袖与衣身断开，利用加胸省、加腰省，满足胸高的要求。如果需要更加贴合身体，可以加侧缝拉链。

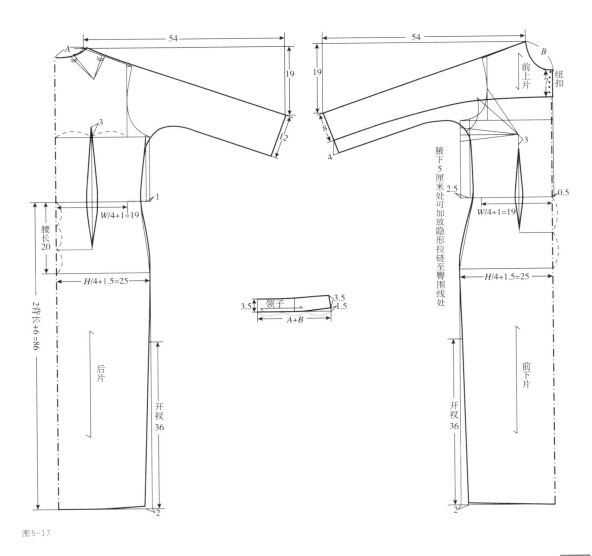

图 5–17

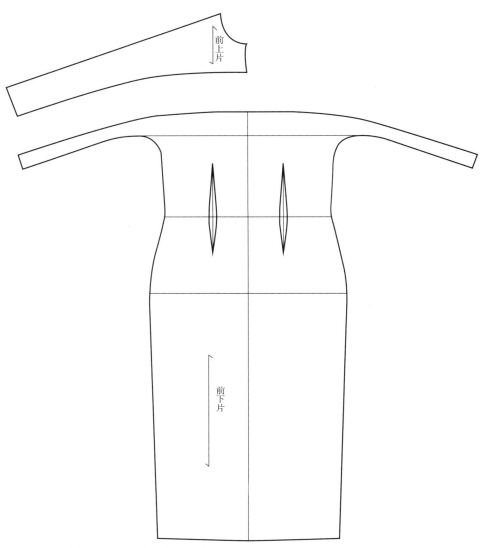

前上片

前下片

图5-17 女连肩袖旗袍的结构图与裁片图（单位：厘米）

（七）女绱袖前开口旗袍的结构图（图5-18）

当金属拉链出现后，旗袍裁剪结构再次发生大的改变，旗袍开口被从胸前移到了背后，大襟成为虚设的假大襟。由于背后设置拉链，穿旗袍时多需要借助他人帮助。隐形拉链出现后，旗袍裁剪可以重新延续开中缝的传统结构，将开口移到胸前，密闭的隐形拉链将中缝弥合得非常严密。随着科技的发展，旗袍的面料也日益丰富起来，现在也有牛仔面料的旗袍（图5-19）。

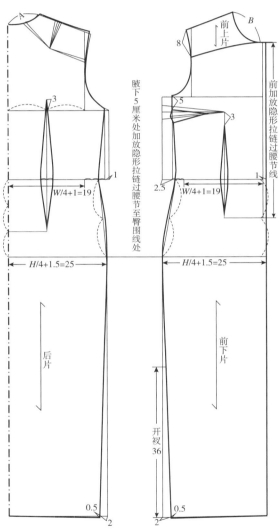

图5-18　女性上袖前开口旗袍的结构图（单位：厘米）

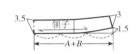

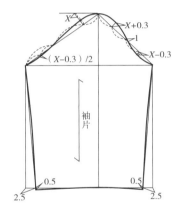

图5-19　2018年穿牛仔面料旗袍的女子
（绘制：陈常海）

（八）男对襟上衣的裁剪图（表5-4、图5-20）

男对襟上衣裁剪之前的叠布与女大襟的叠布一样。两层布的错叠数量，需要根据胸背的厚度而定，多依赖裁剪师傅的经验。

表5-4　男对襟上衣数据

部位	衣长	胸围	袖长	领长	袖口宽
长度/厘米	73	112	83	41	18

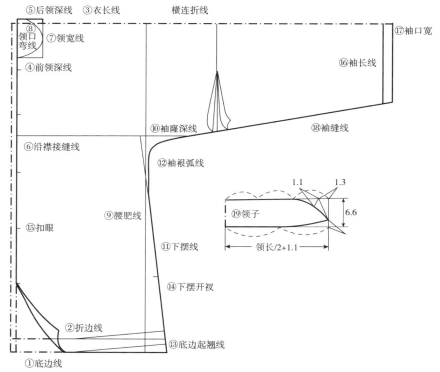

图5-20　男对襟上衣结构部位名称及裁剪方法（单位：厘米）

下面两层由竖连折线向下移动2厘米后，再制作裁剪图。

①底边线：沿左端布边，向右画一条横直线。

②折边线：由底边线向上3.3厘米，画一条横直线。

③衣长线：由折边线向上，取衣长至横连折线。

④前领深线：由衣长线起，沿前身竖连折线向下，取领长的1/10画一条直线。

⑤后领深线：由衣长线起，沿后身竖连折线向上1厘米，画一条直线。

⑥沿襟接缝线：由前身竖连折线起，沿领深线向右1厘米，下连底边线，画一条与竖连折线平行的线。

⑦领宽线：从沿襟接缝线起，沿领深线向右，取领长2/10–2厘米，上接后领深线，画一条直线。

⑧领口弯线：由沿襟接缝线与前领深线交点起，连接领宽线至横连折线1/4处画弧线；弧线最深点距离前领深线与领宽线交点2厘米；再由弧线顶端连接后领深线，取竖连折线至领宽线中点画弧线；弧线最深点距离后领深线与领宽线交点1厘米。

⑨腰肥线：由沿襟接缝线向右，取胸围/4+1厘米，上接衣长线，下连底边线，画一条直线。

⑩袖窿深线：由横连折线起，沿腰肥线向下，取胸围/4–1厘米，画一条横线。

⑪下摆线：由腰肥线起，沿袖窿深线向左1厘米，沿底边线向右3.3厘米，连接两点画斜线。由斜线与腰肥线交点至底边线的一段斜线为下摆线。

⑫袖裉弧线：由腰肥线与袖窿深线交点起，沿腰肥线向下3.3厘米；再沿袖窿深线向右3.3厘米，用弧线连接两点；弧线最深点距离腰肥线与袖窿深线交点1.7厘米。

⑬底边起翘线：由底边线起，沿下摆线向上2厘米，向左连接底边线2/3处，画一条向下稍有弧度的斜线。折边起翘线与底边起翘线平行。

⑭下摆开衩：由折边起翘线起，沿下摆线向上12厘米，为开衩止点。

⑮扣眼：第一个扣眼位于领深线向下2厘米，第五个扣眼位于开衩止点向下2厘米，其他扣眼等分。

⑯袖长线：按上述方法裁出大身后，由于后身向下错位2厘米，使前身接袖缝随之倾斜，因而接袖时，应按前身接袖缝取袖长尺寸。袖长由竖连折线起，取袖长+5厘米（包括两个缝份和折边在内）。

⑰袖口宽：取袖口宽+1厘米缝份。

⑱袖缝线：由袖口宽下端，连接袖裉弧线与袖窿深线的交点，画一条斜线。

⑲领子：男便服上衣领子由领下口线、领宽线、领长线、领下口起翘线和前领角五个部分组成。

第三节　满族皮革技艺

　　满族在过去很长的一段历史岁月中，都使用环保而古老、取材容易、成本低廉、操作简单的皮革制作技艺，并一直传承下来。满族先祖生活在黑龙江流域，作为渔猎民族，在长期渔猎的生产生活中，学会了利用原始自然的绿色手法将动物毛皮加工成皮鞋、皮袄、皮裤、皮帽、皮手套、皮褡裢等很多生产生活用品。

　　皮革分为皮、革、韦三种。皮为动植物表面层，皮与毛紧密相连。皮退脱毛发以后称为革。韦，则是去毛熟制之后，柔软而有韧性的皮革。

一、鱼皮的鞣革技艺

　　从满族史诗和传说中都可以看到满族先祖对鱼皮材料的使用。鱼皮在诗中是"柔软如棉"的材料，不仅可以用来做衣服，还可用作被子盖在身上，鱼皮制品几乎涵盖了日常生活的方方面面。满族作为渔猎民族首先要面对的就是对鱼皮的利用，在鱼皮制革技艺方面有着非常悠久的历史，只是在满族入关之后，逐渐远离了鱼皮制作。今天只能从赫哲族保存的鱼皮革工艺中来了解满族先祖的鱼皮鞣革技艺。

　　就当时的黑龙江流域来说，鱼的物产资源非常丰富。鱼皮在可以食用的同时，也具有实用价值。松花江和东海中的鱼不仅皮张大，且皮张厚实，可以满足生活中对皮革的各种需求。从赫哲族留存的鱼皮来看，用于服饰的鱼皮多为大马哈鱼、草鱼、鲢鱼等小型薄皮鱼，这些鱼的皮革经过鞣革以后非常轻薄，且防水、耐磨，手感非常柔软（图5-21）。

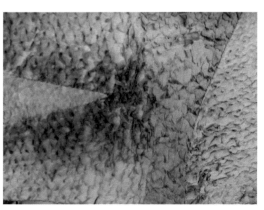

图5-21　鱼皮服饰——大小鱼鳞拼花局部（四排赫哲族乡）

（一）鱼皮的鞣革工具

　　满族的民间体育活动中有一个

运动项目是叉草球。用一个长长的带尖锐叉头的杆子，去插抛在空中的草球。这个游戏的起因是要锻炼插鱼眼的捕鱼技艺。只有插准鱼眼睛，才能保持鱼皮的完整性。这个运动不仅在满族、赫哲族中有所保存，台湾的先住民邹人中也保留着草球与插杆。因鱼皮在剥离和鞣革过程中非常容易破损受伤，从而影响后面的缝制，所以在鱼皮鞣革过程中所使用的工具多为木制品。例如，用于剥皮的木制刀，用于轧软鱼皮的木铡刀（图5-22），用于捶打鱼皮的木槌等。

图5-22　制鱼皮的木铡刀

鱼皮鞣革变柔软后，再用针线缝制。如果制皮的鱼比较小，则需要用多张鱼皮拼接。据赫哲族传承人说，一套鱼皮缝制的成人衣裤，大约需要几十条大马哈鱼的皮张。从历史存留的物品中，可见拼成的鱼皮服饰。衣服上每一条黑色花纹都是鱼脊的颜色，代表着一条鱼。

（二）鱼皮的鞣革添加剂

鱼皮在鞣革过程中需要去除油脂，并去腥。从目前的鱼皮鞣革技艺来看，其依旧属于待恢复的鞣革技艺（图5-23）。目前博物馆和收藏家的鱼皮服饰都没有达到满族传说故事中的柔软如棉，而是有尖硬的手感，同时还具有浓烈的鱼腥气味。

据非遗传承人介绍，鱼皮在与鱼肉脱离开以后，需要用玉米面反复揉搓，一直到去净鱼皮上的脂肪。笔者在黑龙江四排赫哲族乡田野调查时，听当地居民介绍，鱼腥味要靠醋消除。醋的配比很重要，一旦用醋超量，鱼皮就会化成水。鱼皮鞣革添加材料和配比还属于非遗传承人恢复和保密的技艺。

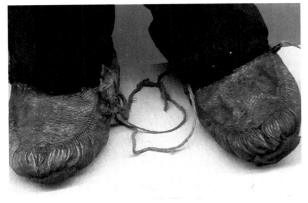

图5-23　正反面料的鱼皮鞋（伊通满族博物馆藏）

二、动物皮革的鞣革

动物的生（鲜）皮质地僵硬，易折裂、怕水、有臭味、易腐烂、难保存，不美观，不宜直接使用。生皮经过鞣制后，皮质柔软，抗潮防霉，坚固耐用，可以制裘（图5-24）。生皮在鞣制前须经浸水、脱毛、浸灰、软化、浸酸等一系列准备工序，上述工序使生皮主要剩下由胶原构成的纤维网，但还不是革，仍是生皮。

（一）制皮板

皮革具有相通的特性。与鱼皮一样，任何动物的制皮首先都是要去净脂肪。因为动物皮张比较厚，可以使用金属工具将剥好的动物皮革撑开，挂在架子上刮去油脂。如果需要保留动物毛，则要注意保护毛皮一面，不要脱毛。只用皮板的，在腌制皮子前要先去毛。传统做法是先将干毛皮放入河水中（也有用石灰水）浸泡并翻动几次，4～5天后毛开始松动脱落，再将毛皮捞出用干净的粗砂和细木板人工褪毛去油（为更好地去掉大量油脂，也可加入碱面）。毛褪尽后，将光皮板阴干或晾干。

图5-24 穿皮革的满族人
（伊通满族博物馆藏）

图5-25 三伏天晒皮制革

（二）鞣革

鞣制是制革和裘皮加工的重要工序。使用不同的鞣剂，就产生了不同的鞣法。民间的鞣革方法有很多种，其中被考古界专家一致认可的两种早期鞣革技艺是油鞣法和烟熏法。后来还有植物鞣法、明矾鞣法、醛鞣法、铝鞣法、锆鞣法、结合鞣法、甲醛鞣法等，鞣制方法依所使用鞣剂和成革品种的不同而异。"熟皮子"常常选择在盛夏三伏天进行（图5-25）。

1 油鞣法

远古人类经过无数次的尝试，终于发现

动物的脂肪、脑浆皆具有使动物毛皮软化的作用。于是，他们将猎获或自然死亡的动物，以他们制造的石斧、石铲、石刀等石器工具，将兽皮剥下，铺展开，然后将动物脂肪、脑浆等涂抹在皮板上，再用力进行反复地捶打揉搓，兽皮因此会变得较为柔软。

② 烟熏法

在漫长的生活实践当中，人们还发现了另外一种可以使动物毛皮变软的方法，即烟熏法。在架起的树干上放置兽皮，下边点燃木柴，产生烟雾熏烤兽皮，使其软化。然后，用草木灰、灶土等对毛皮进行简单处理。

③ 草木灰法

草木灰法也是植物鞣法，即将生皮置于树皮、矿物盐、单宁或替代物等植物鞣质中浸泡制成革，亦称硝皮。此法中的溶剂主要从富含植物鞣质的鞣料植物的根、茎、皮、叶、果实或果壳浸提浓缩液中获得，其主要成分是单宁。草木灰为植物燃烧后的灰烬，凡植物所含的矿质元素都在其中，主要成分是碳酸钾，一般含钾 6% ~ 12%，其中 90% 以上是水溶性物质。人们用草木灰水泡晒干的皮子，"烧"熟后再阴干，皮子就软了，毛在皮子上也就比较结实了，即常说的"硝皮子"。

④ 奶面法

奶面法是源于牧区的鞣革技艺。将干了的毛皮或光皮板层叠放入大瓷瓮或大塑料缸里，倒入适当比例的酸奶（或鲜奶）、玉米面（或黄米面）、咸盐，与皮子均匀搅拌在一起，并没过毛皮，压上石块或砖块儿。刚开始浸腌皮子的时候，要 1 天翻动 1 次，4 ~ 5 天后 1 天翻动 2 次，翻的时候要保证每张皮子都能均匀地浸泡在酸奶汤里，若浸泡不均匀，熟好的皮子会出现黑点或花色，影响美观。

12 ~ 13 天后，皮子的颜色变成了均匀的米白色，表示生皮子已经"变熟"，即可捞出。这时要注意毛皮捞出后应及时用清水清洗，清洗干净后再阴干或晾干；而光皮板捞出后则不能清洗，直接阴干或晾干。

这个环节是整个熟皮过程中的重中之重，能否把握好恰当时间是关键。如果浸腌时间短，会出现皮子颜色不匀，甚至有发黑青、发臭、发硬的现象，这基本不能使用；若浸腌时间长的话，皮子又容易烂洞，不结实，也影响使用。依靠经验将"腌料"与"火候"掌握得恰到好处，让皮子"熟"到位。

另外，也可将酸奶（或鲜奶）换成凉开水，这样成本就低了，不过熟后的皮色要逊色很多。

⑤ 矾盐法

生（鲜）皮刮去脂肪后，用干锯屑、滑石粉、破布等挫擦皮板内膜，直至脂肪沉积物完全擦去为止，再抖掉锯屑和滑石粉，然后将皮筒毛朝里、皮板朝外套在特制的撑子上，悬挂于干燥通风的地方晾干。

将盐和明矾用水溶解以后，再将皮放入溶液中浸泡，每天搅拌 1~2 次，并用手撕去（或用小刀刮去）皮上面残存的肌肉和脂肪以及结缔组织（靠近肉面的一层皮）。皮必须揭里去肉，让溶液深入渗透。

过 7~10 天，取出晾干（不要暴晒），至九成干时，用手搓揉使其柔软即可。

鞣革工艺为：选皮→浸水→脱脂→再次脱水→再次去肉→浸酸→鞣制→中和→甩水→干燥→干铲→整理。其中，浸水 20 小时左右，脱脂 1 小时，浸酸、鞣制各 48 小时。因在鞣革过程中借助了添加剂，所以皮革衣服不可水洗，防止因水洗引起的皮革脱硝，造成皮革腐烂。

（三）后期整理

铲皮子是用一个月牙形木头手柄的长方形铲刀将毛皮板上残留的油脂、死肉铲掉，让毛皮皮板一面变得干净光滑。

勾鞣是将干好的熟皮子吊起来，采用专用的叉形木勾以适当的力量勾鞣，让皮子变得更为柔韧一些。在整个制作过程中都不能暴晒，否则皮子会变硬变脆影响使用。台湾邹人（也称曹人）将皮革挂在横梁上，两边的人不断地推拉皮张，一直到皮革变得更柔软。他们是台湾先住民众多部落中唯一一个会将生皮制作成熟皮的部落。

经褪毛（针对只用皮板的皮子）、浸腌、清洗、阴（晾）干、勾鞣等系列化学、物理加工后，生（鲜）皮的性质完全发生了改变，变得柔软、坚韧、耐磨耐蚀，成为皮革。

现代皮革已经成为一个专门产业，现代鞣革工艺也已替代了传统鞣革工艺。

（四）皮革工具

对于厚质皮革，在制作过程中必须要借助很多工具。现在制革技艺已经十分成熟，除制革工具外，还增添了许多用于裁断与缝合的辅助工具，使各种缝合变得更便捷、更美观。

第四节　满族盘结技艺

满族与生活在北方的其他民族一样，会在服饰中用到大量系结。冬季寒冷，需要借助带子、绳子来系扣、打结，用绳系服饰，使衣服合体保暖而不散落。满族民间一直沿用长巾、腰带系袍服，上面挂日常用品，如烟袋、荷包、火镰等。把绳系成各种结扣，具有广泛的实用性，在生活劳作中也会用绳获取猎物。绳结的历史源远流长，可以追溯到远古时期。《周易·系辞下》云："上古结绳而治，后世圣人易之以书契。"在文字出现之前，为了帮助记忆，人们以结绳记事。大事大结，小事小结。随着人类活动的不断发展，用于记事的绳结亦越加复杂，造型各异，也具有了各种寓意，用于不同的场合，如连环结、盘长结等各种名称的结。满族生活习俗中就有子孙绳。

台北故宫博物院收藏的五代南唐人周文矩所绘《仕女图》中的服饰，其直边散口立领疑是由一枚金属纽结连系的。可知立领、纽结都不是满族的专属品，而是满族对先祖习俗的延续。盘扣是传统中国服装在正面固定衣襟的一种方式，马褂、旗袍、唐装都是用盘扣来固定衣襟或装饰，是中国服饰的典型特征之一（图5-26）。流传民间的盘结花样十分复杂，千姿百态。盘结材料从早期的动物筋皮、麻、棉、毛、丝等，发展到今天

图5-26　元代穿蔽衣的舞蹈俑（河南博物院藏）

的各种化学纤维材料，名称更是五花八门。不同的需求，会选择不同的材料、不同的编结方法。

一、男性服饰上的盘结

满族男性服饰上盘结扣的使用种类比较单一，基本就是一字扣，这是最简单，也是最难的。一字扣，仅用2根布条盘出一个纽结、一个襻扣。因为造型简单，对钉缝提出了非常高的技术要求。所有技艺完全暴露在活计上，稍有不端正就会显露无余。条子、纽结、尾花、线迹都有不同的检查标准。扣襻条子要打得均匀平整，不能有扭曲；纽结要求圆润饱满；尾花要对称流畅；钉缝线迹要均匀工整一致（图5-27）。

男装的配饰上可以使用各种花结、络子等。

图5-27 霸王编一字扣

二、女性服饰上的盘结

满族女性服饰上的盘结花样繁多，一字扣也是传统服饰中最为常见的盘结，

图5-28 旗袍盘花扣

盘花扣是古老中国结的一种，手工盘结花扣风靡于现代高端定制旗袍上。形形色色的旗袍，衣襟上的精美盘扣不仅作为纽扣使用，而且常常起到画龙点睛的传神作用。盘扣将实用和装饰兼为一体，以婀娜多姿的特色，使民族风韵浓缩其中，形成了独特的手工技艺，散发着迷人的光彩，成为旗袍上不可缺失的部分（图5-28）。

三、盘结前的准备

清初以后，满族服饰开始使用绸布制作盘扣。盘扣是用经过折叠缝纫的布料细"襻条"编织而成，若布料太过细薄可以内衬棉纱线。用来做手工盘结花扣的襻条需要内衬金属丝或鱼骨线，以便于固定花型。在盘结前需要做出盘结用的布条，称为打条子（图5-29）。

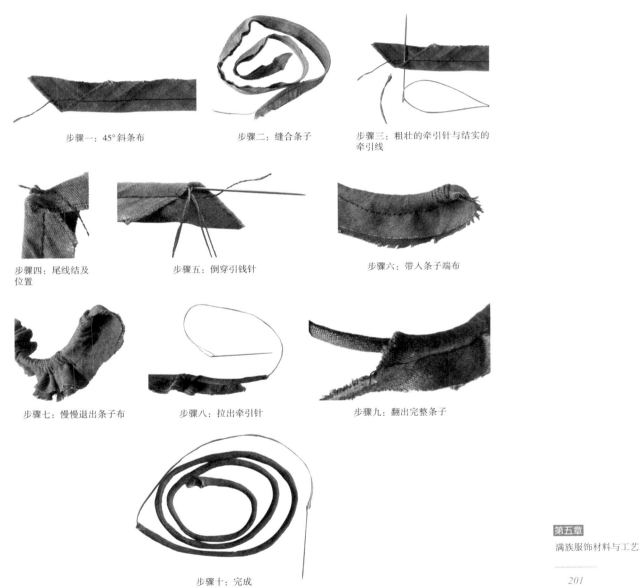

步骤一：45°斜条布　　　　步骤二：缝合条子　　　　步骤三：粗壮的牵引针与结实的牵引线

步骤四：尾线结及位置　　　步骤五：倒穿引钱针　　　步骤六：带入条子端布

步骤七：慢慢退出条子布　　步骤八：拉出牵引针　　　步骤九：翻出完整条子

步骤十：完成

图5-29　打条子

（一）打条子

（1）在布料上以45°斜裁出等宽布条。

（2）均匀等宽地在反面缝合布条，适当留出缝合余量，避免在盘结中或长时间使用中漏纱。因为是45°斜裁的布条，在缝合过程中很容易变形，对缝合技术要求非常高。

（二）翻条子

（1）选择一根比较粗的牵引针，纫上比较结实的牵引缝线。

（2）将线尾打结后缝在条子的一端，防止在翻条子的过程中脱线。缝合的位置也要避免纱线开散。

（3）将牵引针尾带线插入布条。

（4）随牵引针的前进，逐渐将反面布塞入正面布条中。

（5）一直到牵引针带布钻出布条。

（三）整理条子

若盘扣花需要的是圆线条子，则还需要再带入一根棉线。如果需要做盘扣花，还需要将条子熨烫平整。有的还需要在条子中间放入金属丝或鱼骨线，以便固定花型。

若盘双色花，需要再缝合选择双色条子，即两种不同颜色的条子。

四、常见盘结花型

盘扣花型种类非常丰富，题材也是选自具有浓郁民族情趣和吉祥意义的图案。

有几何图形，如一字扣、三角扣等，有模仿动植物的菊花盘扣、梅花扣、金鱼扣等，亦有盘结成文字的吉字扣、寿字扣、"囍"字扣等（图5-30）。

盘扣是用两个襻条分别盘出纽结和襻扣。两根襻条可分别盘出相同或不同的花样。在盘结过程中没有剪、接，在盘结前要预估出用量，一次备足。

盘扣可根据制作工艺，分为以下类型。

图5-30　盘花扣

（一）直接钉缝

一字扣是直接钉缝的盘扣，最简单实用。用一根襻条编结成球状的纽结，另一根对折成襻扣。纽结和襻扣相对，缝上需要搭扣的两侧，一头一尾成为整个扣花的重点。纽结要圆润饱满。由于襻条尾无处可藏，在处理尾花时要保证两尾花对称。因为原来作为士兵专用的"十三太保"（一字襟）的马甲上有很多一字扣，非常有勇武之风，所以也把一字扣称为"霸王鞭"。霸王鞭与日常用的一字扣不同，会更粗长一些。日常男女服饰中所用的一字扣都比较细短，长度在1寸（约3.3厘米）左右，襻条粗细为0.3～0.5厘米。夏季服饰上的一字扣会细一些，冬季服饰上的会粗一些。

还有一种现代服饰经常使用的纽襻方式。只保留纽结、襻扣后短短1厘米的条子，省略所有盘花。将纽结、襻扣的条子分别缝夹在各自位置的两层面料之间。

盘扣的纽结有很多种盘法。因为需要襻条穿行翻转，纽结也就成为无法实现机械化的手工艺术品。每个盘结者都有自己习惯的盘结方式。为了保证纽结圆润饱满，襻条需要保持立体圆形线。

1 八面纽结

八面纽结，因组结表面有八个面而得名。特点是能够比较清晰地看出八个体面。结体坚实稳固，不易松散变形。重八面纽结就是盘绕2次，借以加大结身体积，丰富结身层次，今多单独使用在纽结手串上。

2 九面纽结

九面纽结，与八面纽结的盘结方法类似，因组结表面有九个面而得名。特点是结上有一线略高出结体。在最后整理线迹时，让最上面的顶端线留有一定余量（图5-31）。

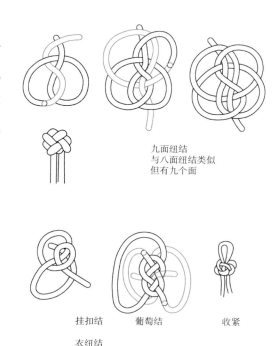

九面纽结
与八面纽结类似
但有九个面

挂扣结　　葡萄结　　收紧

衣纽结

图5-31　九面纽结

③ 蜻蜓纽结

蜻蜓纽结，因结形似蜻蜓眼睛而得名。与八面纽结的盘结方法类似，在最后
整理线迹时，不留余量，结线均匀叠压，难以统计结的体面数量。

（二）单纯盘襻条

单纯盘襻条是单纯依靠盘转襻条盘出来的花型，
襻条在盘花过程中始终是保持在一个平面上的，没有
穿插。襻条的起头和收尾都要藏在盘花下面，使整个
造型完美整洁（图5-32）。因为有盘卷的形态，襻条
可圆可扁。此类盘扣花式繁多，常见的有两大类，即
葫芦扣、蝴蝶扣，其他都是这两类扣花的衍生花型。

图5-32 单纯盘襻条的双色花扣

① 葫芦扣

葫芦扣，是实盘襻条的花型。襻条尾需要卷藏在中心，钉缝在花型里面。盘
扣时，将襻条等长对折，并排盘卷，卷出来的花型宛如磨盘，即四方扣；将襻条
不等长对折，一长一短，前后盘卷，出来的花型如葫芦，即葫芦扣。常见的还有
三耳扣、花蕾扣等。

② 穗扣

穗扣，是松盘襻条的花型。襻条尾对压藏起来，钉缝在花型里面。盘扣时，
将襻条等长对折，弯曲成花型宛如花穗。常见的还有青蛙扣等。

③ 蝴蝶扣

蝴蝶扣，是将松盘与实盘相结合。盘扣时，将襻条等长对折，用松盘方式表
现出翅膀、花托、叶子等形象；用实盘方式表现出身体、果实等形象。对折两襻
条也可以做相同的盘法，每根襻条都是松盘与实盘相
结合，常见的有燕子扣、蜜蜂扣、树叶扣。对折成两
根的襻条也可以采用不同的盘法，如一根襻条用实盘，
作为花心，一根襻条用松盘，作为花瓣。常见的还有
菊花扣（图5-33）。

图5-33 菊花扣

（三）盘绕结合

盘绕结合类盘扣是单纯靠襻条缠绕加盘转盘出来的花型。襻条的起头和收尾都要藏在盘花下面。常见的有琵琶结（图5-34）、盘长、馨扣等。盘长、馨扣这些花扣因体积较大，多单独使用在门襟位置。

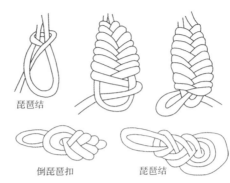

图5-34　琵琶结与倒琵琶扣

琵琶结　　倒琵琶扣　　琵琶结

（四）填花

襻条填花，是以松盘方式盘扣花时，在盘扣中空的地方以棉花填充形成一个平面，以填棉花的方式替代实盘。填花，需要将一块布料斜裁成需要的量，然后在襻条内侧涂上胶水，用于固

图5-35　单色盘花扣（实物制作：胡婉）

定，在布料中空处填充棉花，最后用线拦封棉花，确保棉花不会脱落变形。往服装或托布上钉缝时，要注意避免棉花外露。因为需要填充棉花，蒙棉花的布料一定要留够余量，防止露花。此类盘花中因多用填花替代实盘，襻条以扁的形状为佳。连接处可用同色线钉缝，以防花型开散（图5-35）。

除传统常规盘扣花外，凡新设计的盘扣花都需要依设计来制作。首先要将花样纸固定在软板上。盘花时用大头针固定花型，结束盘花后，用线（或胶水）固定两个相接触的面，防止花样松散。最后在需要填棉花的部位粘布填棉花（图5-36、图5-37）。

图5-36　盘花的正面

图5-37　盘花的背面

第五章
满族服饰材料与工艺

205

盘扣制作技巧属于非物质文化遗产。手工盘扣用布条盘织成各种花样，属细腻、婉约的手工工艺，有其特殊的工艺性，其制作工艺包括盘、包、缝、编等多种手法。如今，手工盘结花扣独立观赏，是一种新颖的工艺美术作品，在样式设计、色彩搭配等方面也极为讲究，还可以各种宝石等材料制作成精品珠纽替代盘结的纽结，借以提升品质，让精巧的盘扣蕴含更多精致，充分表现出设计者高超的技艺和惊人的创造力。

第五节　满族纳绗技艺

满族服饰工艺历史悠久，具有鲜明的北方特点，散发着独特的艺术魅力。满族先祖从东北松花江畔沿着江河与长白山逐渐南移至辽宁东南，从民间神话中可以知道满族先祖与赫哲族同为渔猎民族。他们擅长鱼皮、兽皮的制作工艺，将小张皮革连接缝缀成大的面料，用来制成衣服、帐子、被褥等。例如，制作一套鱼皮服装需要用上百张鱼皮，制作中要充分利用不同品种的鱼皮花色，拼接出不同的图案。为了美化服装，还用小块的鱼皮、兽皮缝补在服装上，形成凸起的纹样。

这些服装工艺在漫长的演变过程中被保留、传承至今。满族在不断迁移的历史进程中、在本民族不断发展壮大的过程中，不断改进自己使用的服饰工艺，吸纳其他民族的工艺特色，使满族服饰工艺具有时代印记和其他民族的特色。

一、绗缝

绗缝，就是在两层中间夹有适量棉花的布料上进行拱针的缝合，线迹需要穿过两层布料和棉花，起到固定布与棉花、避免中间棉花移动的作用，增强保暖能力，将两层纳合成一体。绗缝时，最为讲究的是针脚与行距。老人们会选择与面料相同颜色的棉线，在面料上很难看出针脚（图5-38）。面料多采用黑蓝色，绗线也是黑蓝色。里料颜色浅淡，但在里料上所露出的针脚非常细小，一般只有1毫米，行距一般为4厘米。所以在来年拆洗时，拆绗线是非常累眼睛的事情。绗缝时不能过分用力，那样会因为绗缝生硬死板而影响穿着效果和保暖效果。在棉衣边角一般不放置棉花，而是通过叠合翻卷形成比较厚的边，与有棉花的衣身形成统一和谐的效果。

选用棉布以后，满族服饰采用中间絮棉花的棉袍与先祖皮袍相比，多了一道絮棉花的特色工艺程序。絮棉花，是东北棉服中最具有技术性的工艺。经民间访查后得知，普通北方人家絮棉衣的棉花不是全部选用新棉花。一般在结婚时才会全部选择新棉花，絮新棉花的棉衣需要用重物压上多日。一般多是在夏天做棉衣，天气转冷时上身。翻新棉衣，是要将新棉花絮在贴身的一面，七分旧花三分新花，这样旧花如毡能够抵挡风寒，新花柔软贴身。絮棉花时一定要理清花絮纤维的方向，每一块每一层的花絮都叠压在一起，形成一片。棉花絮得好，在拆洗时会发现棉花已经成为毡片，薄厚均匀，没有空洞。满族棉袍实际上需要大面积的絮花，并且要在絮花以后进行固定的绗缝工艺程序（图5-38）。如果技术欠佳，就会在拆洗后发现大小不一的空洞。

图5-38 绿棉服局部（吉林省博物院藏）

绗缝时，会形成线迹花纹，绗缝就演变成绗绣。因为中间有棉花，花纹会出现凹凸起伏，富有立体和手感，绗绣为平针线迹，这是满族与北方各民族刺绣中的又一个特色。与南方常在鞋垫上绣花不同，满族常在棉袜底上绣花，以白色或蓝色线居多，即便是绣线与袜色相同，凹凸有致的纹样依然具有立体感，显现出可以与南方刺绣相媲美的典雅，反映出北方女性的细腻与温柔，区别于人们概念中大嗓门、风风火火的东北女人印象。北方的寒冷季节占了大半年，穿靴鞋的时间远远大于穿单鞋的日子，穿袜子上炕又是北方的常事，在无法透过高高鞋勒去看绣花鞋垫的状态下，北方妇女选择在棉袜上刺绣，展现出神奇的女红技艺。

不论是绗缝还是绗绣，在没有机械帮助的情况下，手工拱针是使用最多的方法，合缝、包缝、倒缝也成为在服装上应用最多的工艺。这些工艺在皮革材料中很少用到，因为多层次的叠合服饰面料会形成条棱，穿在身上会产生非常不舒服的感受，也会因此而容易磨损面料。

在黑龙江省北部黑河市的瑷珲历史陈列馆里展示着一双带有白色绣花的棉袜。这双来自民间的生活用品，演绎着最古老的美学观念。在白色的棉袜上，用白色的棉线，用最简单的拱针针法，绗绣出简洁的花朵。凹凸有致的立体刺绣，使棉花既不会因为穿用而滚包，又使实用的绗针变成了一种装饰的手法。靠近它，不禁令人想象出一幅北方的民俗画：脱靴盘坐在火炕上的女人，看着窗外的白雪、窗上的白色冰花，显现出一颗热爱生活的火热之心，通过简单的刺绣、棉袜上的图案令人感受到农家女的心灵手巧。放弃五颜六色，独选朴素无华的白色，取天地之色，纯朴而大气的美学观念从北方民族艺术中完美地展现出来，可见中国美学观念的广泛。

绗绣，在满族布袜上体现得很充分，具有立体性刺绣装饰的特色风格。与南方民族一样，北方民族喜欢借用布袜来表现自己的爱美之心。南北的区别是，南方妇女通过绣鞋垫来表现精湛的技艺，五色鞋垫绣满了吉祥；而北方妇女则在布袜子的底上做刺绣，内絮棉花的布袜在不同刺绣针法的压勒下，形成凹凸起伏的立体花纹。当盘腿坐在火炕上时，就可以看见布袜底上刺绣的花样（图5-39）。布

袜绗绣的总体风格是图形简约，用色淡雅，所见到的布袜刺绣以蓝色和白色居多。最有味道的是与白色布袜相同的白色绗绣花纹，充分表现出与北方妇女粗犷豪放性格迥异的细腻和含蓄。

图5-39　布袜底的刺绣花样

二、纳缝

纳缝是满族刺绣技艺中的一个特殊刺绣技艺，以麻为线纳鞋底。绗缝是用线将两层布料间的棉花固定住，纳缝则是要用线固定多层布料，这是一个已经被城市遗忘了的传统手工艺技术。剥麻、泡麻、洗涤、上捻以及特制工具，特制的鞋底，特殊的刺绣针法，构成一个完整的手工技艺流程。

（一）搓麻

纳缝一般使用的是麻线，满族对麻线特别熟悉，亚麻制品也一直是东北的特色产品，麻的粗加工产品现在已不多见了。但是在满族制鞋的历史中，搓麻绳是纳鞋底的准备工作之一。

通过种植麻，到收获季节再将麻秆割倒浸泡在水里，剥下麻秆的外皮后，再经浸泡、漂洗、梳理后，得到粗加工的麻线，将麻线搓捻上劲儿后才能用于纳鞋底。

（二）打袼褙

打袼褙，纳缝的另外一个准备工作，是对布料的处理。将米糊加热烧开后做成黏合剂，将布料一层一层地黏合在一起，根据需要选择黏合布料的厚度，如普通鞋底的厚度在2厘米以上。等完全晒干以后，才可以用于制鞋。这是满族南迁进入农耕地区以后，服饰材料所发生的变化。打袼褙也是对旧材料的再次利用，其所用的布料基本都是布的边角余料，或者是从旧衣服上拆下来的老料。通过黏合，让旧布重新用于生活。所谓"千层底"鞋，就是指制鞋"打袼褙"的厚度。

（三）纳缝工具

纳缝时，还需必备锥子、钩针等工具。在多层厚料（袼褙）上做纳缝时，先需要用锥子戳出孔洞，用钩针钩出麻线，再将线绕在钩针上，借助钩针将麻线带劲勒紧（图5-40）。因为袼褙比较厚硬，纳缝麻线会留下突起的线迹，富有立体感和手感。在稍厚的布材上做纳绣，用大号手缝针直接穿透面料，可以省去锥子戳洞的环节。

纳鞋底的针法也是有讲究的。先在边上沿轮廓纳上两圈，中间则一行行错落开针脚。前脚掌和脚后跟要纳得密些，足弓位置可以稀疏一点。

鞋底纳好、锤平整后，再用麻线将鞋帮和鞋底缝在一起。新鞋比较紧，还会用鞋楦扩撑一下。与南方女子随时绣花一样，过去满族妇女手上常年不离的活计就是纳鞋底（图5-41）。

老人说，棉布养人。据说，满族女性的马蹄鞋除旋木部分外，都是打袼褙做出来的。在藏品中仍可以从高高的鞋底上看到纳缝线迹（图5-42）。

图5-40 纳缝棉帽子的局部　　　图5-41 制鞋仕女画　　　图5-42 纳缝高底鞋（吉林省博物院藏）

第六节　满族刺绣技艺

刺绣，是许多民族都拥有的女红技艺。我国也因绣品出产的地域不同而分有四大名绣以及多种地方刺绣。对于满族刺绣，一直多有分歧，难以定论。在田野调查和文献整理时，笔者接触到大量的清代刺绣品实物。首先需要断代，其次要甄别出满族刺绣。笔者接触到的第一手刺绣实物就是满族女性的绣品，但是，这并不足以说明就是满族的刺绣技艺。因为满族与其他民族之间的技艺融合比较深，如苏绣对满族刺绣的影响就较大。那么满族刺绣应该是什么样子，这将成为本节集中探讨的问题（图5-43）。

图5-43　牡丹马蹄鞋（北京故宫博物院藏）

一、满族刺绣的发生与发展

刺绣技艺离不开针与线。作为渔猎民族的满族先祖来说，所获猎的、可直接用于服饰或被褥等御寒生活用品的首先就是皮革材料。无论是动物皮还是鱼皮，他们都无须像农耕民族那样纺棉织布，或者养蚕缫丝，其所需要的技艺是连缀皮革。据黑龙江地区出土文物骨针以及文献记载，满族先祖很早就掌握了骨针技术，用鱼骨或兽骨做针，或将鱼皮切成细线，或直接使用动物筋线。小型动物皮张可以通过连缀的方式达到生活所要求的大小。因为是用鱼骨或兽骨做针，以鱼皮或动物的筋为线，在皮革上进行刺缝，这样留下的痕迹必然无法与在棉织物或丝织物上所留的痕迹相比。

直到满族南迁，努尔哈赤倡导满族人学习农耕，自己种棉花、纺棉花后，满族人才逐渐开始在棉麻布料上刺缝。所有绣线均出自手工纺线，草木植物染色。与猎捕的皮革材料相比，棉丝更为稀罕贵重。这种习俗在辽宁民间一直都有延续，一直到工业棉线、工业染料出现，才替代了部分手工棉线、植物染料。专用的金属绣花针也越来越细，替代了原有的普通缝衣针。

清军入关后，因清代满族统治阶层将江南刺绣作为自己服饰以及其他绣品的生产基地，经过几百年的发展，在满族民间刺绣针法中业已大量融合了苏绣技艺（图5-44）。与此同时，满族对刺绣的民族习俗要求也为江南绣娘所适应，出现新的审美平衡。直到清末民国初期，随着工业织布的出现，才推进了满族民间刺绣品的发展。

图5-44　三蓝绣（四川大学博物馆藏）

二、满族的刺绣种类

到底何为满族刺绣？因为刺绣品种是直接与刺绣针法相结合的，所以可以通过满族刺绣常用针法来了解满族刺绣品种。笔者以苏绣作为参照物，因苏绣对满族刺绣的影响最大。如果能把满族刺绣中其他民族刺绣的元素剥离掉，以排除的方式，即可寻出满族刺绣的特点。苏绣，讲究的是丝薄通透，技艺高超的绣娘在使用绣线时会将一股绣线再劈分成16根丝，也就是要用一个蚕茧的丝来做绣线，讲的是慢工出细活。由此可知，苏绣的桑蚕丝绣线与桑蚕丝面料非常和谐，绣品几乎没有凹凸起伏的手感，这正是苏绣的线与面料所决定的审美习惯，讲究的是绣品的丝滑。而满族刺绣则是原生于动物皮革之上的，满族民间绣娘会把几股柞蚕绣花丝线捻成一根绣线，粗线配粗布。普通人家还直接用自己捻的棉线，在自己家织的棉麻布料上刺绣。据此可见，满族刺绣讲究的就是结实耐用、有立体感。盘金盘银，用的是捻金丝、捻银丝的芯线。从实际藏品可见，满族的刺绣品按材料分，有皮革类、棉麻类。而在棉布材料的刺绣品中还可以分为补花、堆绫、盘金等。各类盘金绣品（图5-45）也因多出现在北京，而有京绣的美名。

图5-45　盘金龙袍局部

三、满族刺绣工艺

刺绣工艺的产生与发展都是与日常生活紧
密相关的，可以说是生产力的提高与发展促进
了刺绣工艺的发展。在民间，可以经常见到大
量使用补绣（图5-46）、打籽绣、绗绣等针法
的绣品，这些均是具有体量感的装饰美化手段。
满族刺绣工艺在保持原有皮革生产方式的基础
上，也发展了棉麻工艺。可以说满族刺绣应该分

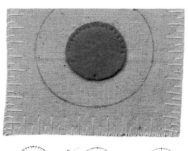

图5-46 补绣

成皮革和布料两个大的类别，如用在各种皮靴鞋上的针法就是皮革刺绣的基本针法。

（一）皮革上的刺绣

满族生活中涉及的皮革用品非常多。因皮革是非纺织类的，刺绣技艺就主要
表现在边缘上的连缀针法。一种是皮张与皮张之间的连缀，另一种是补贴皮张边
缘的连缀（图5-47）。

① 连缀的针法

以不同的走线方式，让线在两块皮张边缘跨缘交织，皮革没有叠压，线迹可
以呈现出不同的编织样式。这种针法的目的就是将小皮张连成大皮张。将不同的
皮张连缀在一起，通过连缀形成花纹，甚至器物造型（图5-48、图5-49）。

因为皮张具有一定的厚度，故所用线材都是非常具有韧性的动物细筋线。

图5-47 皮革补花

图5-48 辫绣鞋（吉林省博物院藏）

图5-49 拼花皮包

② 缲边的针法

以不同的针法在皮革边缘沿边，将上下两层皮革固定在一起。根据皮革的厚度，选择直接缝制或打孔，如鱼皮类比较轻薄的革料，可以直接穿线缝制（图5-50）。如果是厚料的猪皮与牛皮，则需要在皮革熟制后打孔缝线。这种缲边针法多为补缺失、补洞的贴革刺绣。

图5-50　鱼皮服饰局部（中国妇女博物馆藏）

③ 缝合的针法

通过连线将两块皮革固定在一起，两块皮革会因彼此的边长不同而形成褶皱，或形成立体效果。例如，靰鞡就是通过固定褶的数量来形成大褶、小褶，或形成不同的风格。皮革缘口都是朝外可视的线迹。

（二）棉麻刺绣

满族在有农耕生活以后，开始种棉种麻。在增加与中原的接触后，民族生活中出现了大量棉麻生活用品，这也成为现在满族遗存的绣品。

① 打籽绣

打籽绣，是待绣线在布面上绾结以后，再将线穿过面料。如果是绾一个结，叫单打籽；如果是绾两个结，叫双打籽。这种针法非常立体，一般都用来表现花蕊。清代许多绣品都是采用打籽绣的针法绣的，既有凹凸的立体视觉，也有平面的手感（图5-51）。

图5-51　打籽绣的局部

② 压线绣

压线绣，是让绣线彼此之间产生叠压重合，形成一种网纹编织的效果（图5-52）。这种技法的效果是增加了绣品的厚度和耐磨程度。压线绣多出现在满族民间生活实用绣品中，如绣鞋，可以经受刷洗。

③ 纳纱绣

纳纱绣，是在硬纱织物上，依据纱网上的细小网络进行绣缝。虽和十字绣很像，但纳纱的针法更为灵活，不仅有十字一种针法。空白无线处是通透的，可以看见衬布的色彩。这种刺绣多存留在满族枕顶的绣品中（图5-53），宫廷的夏季袍服上也有这种刺绣。

④ 贴线绣

贴线绣，是指用一根细线将粗线固定在面料上的针法，线迹之间需要有一定的间隔距离，单独使用这种针法，可绣制叶脉筋络或枝干。绣品效果有立体感，有凹凸手感（图5-54）。实际上，这也是原始装饰方式的一种演变，原始工艺逐渐演化成现代的盘金技艺。原始的皮革材料，原始的制作工具，很难在粗糙厚重的皮革材料上穿针引线，所以聪明的满族先祖将粗条线材料皮条用兽筋、鱼线钉缝固定在皮革面料上，寻找适合在皮革材料上进行装饰的方法，形成立体花纹，既符合北方寒冷地区的保暖要求，又能满足人类的审美需求。这种随材而出的工艺也很自然地伴随材料的变化而形成新的装饰风格。动物筋线变成了金银丝线，皮革面料变成了棉布与丝绸。原来很多无法在皮革上实现的工艺技术，在这些薄软的材料上都能实现。

如果大面积使用这种针法，就叫作盘金。盘金还可被细分为圈金、加垫盘金等。在满族绣品上看到最多的刺绣技艺就是盘金，其是满族服饰的代表性标志，也被称为"京绣""满绣"。盘金技术应用最多的是宫廷袍服上的江水崖纹，其基本占据了袍服的半壁江山，与蜀绣等四大名绣同居天下。盘金，是指用丝绵线将金丝线固定在布料上（图5-55）。盘银，是指被固定的线是银丝。"盘"，即是需要盘绣出一定的面积，虽然整体是高于布料表面的，但因有新的平面，立体的手感被大大降低。同时，因盘金、盘银的材料都是金属，充满光泽感，非常适合舞台

图5-52 压线绣

图5-53 枕顶纳纱绣局部（私人收藏）

图5-54 贴线绣针法步骤

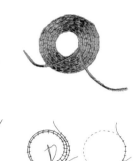

图5-55 盘金针法

表演。盘金与盘银都是在戏剧服饰中应用最多的刺绣方式，如京剧服饰中就大量保留了此种服饰制作技艺。后来多被民间婚庆绣品、寺庙佛衣袈裟所选用。

宫廷贵族服饰刺绣沿袭了江南的刺绣风格，很少有立体花色。而从民间流传下来的枕顶、荷包、扇袋等小物件上，却能看到大量立体的刺绣方式。从鞋帽的装饰手段上，亦能感受到满族先祖的遗风。这些东西是百姓日常生活中真正所用的物品，亦是来自一个民族的传承习俗。不仅能反映一个时代的材料变化，也反映出一个民族如何将自己的文化在新材料上体现出来的变迁过程。

（三）补花、加垫绣与堆绫

补花、堆绫都是通过附加粘贴的方式形成立体花型，也是各个民族都经常使用的刺绣工艺。一是源于生活，二是操作简单。在民间，破损出洞的位置经常会用到缝补的方式。心灵手巧的人则会把补丁变成补花，也有人利用这个技艺再演变为百衲。

① 补花

补花，是将布剪裁成所需要的图形，然后用线缲边缝合在面料上，形成绣品（图5-56、图5-57）。补花宜选用斜纱，目的是利用斜纱的弹性，使布料适合边缘弯线处的处理。依据补花的特点，还可以再细分成贴补花、挖补花。满族补花多为单一深色布，最常见的是围裙上的补花，围裙遗存物多源于靠近蒙古族的地区，补花线条粗壮有力，也是满族少有的对称图形。此外，在满族女性袍服上也会使用补花贴边。

图5-56　套色补花绣围裙局部（私人藏品）　　　　　　　图5-57　围裙补花（实物绘制）

（1）贴补：是将布外缘按花型需要剪出实际需要的部分，留取相应形状，然后将形状的毛边扣折后，再缲边缝合。这种补花能够增加布的厚度，增强耐磨度。

（2）挖补：是在布料中间挖洞，剪掉图形不需要的部分后再做毛边的扣折缲边。挖补的技术比贴补的技术难度大，挖切的量和角度需要满足扣折的需求，且不能出现毛茬损边。这个技艺一般都是与贴补同时使用，外围花用贴补技艺；在处理里面的花型时，会使用挖补的方式，借以增加图形的细节。

❷ 加垫绣

加垫绣，是在花样下填充材料，材料选择棉花、碎麻、碎毛等。然后将周边扣折后，用线缲缝固定，形成立体花型。在加垫花型后继续各种绣制，最常见的是再加盘金绣。例如，盘金绣龙，通过加垫使龙形变得更加立体，凹凸有致，盘旋起伏（图5-58）。

图5-58　龙头盘垫绣

3 堆绫

堆绫，就是粘贴补花。堆绫不需要用线固定花样，而是将花样周边扣折后，再使用米糊将布直接粘贴到面料上，如同打袼褙，可以堆粘多层（图5-59）。也可以在布下加填充材料，过去有在布里加放纸板等做法。因为没有固定线，这类绣品多用于器物装饰，或者单纯用于装饰，需要免水洗。

通过满族人存留的绣品可见，满族刺绣虽然向苏绣学习了各种平绣针法，但依旧努力使用平薄的丝、棉、麻纺织品材料来追求皮革上的立体效果。这和满族女红的来源有着密切的关系。从努尔哈赤的几位蒙古族夫人算起，满族女红所传承的技艺多是蒙古族的习俗。后人在结合满族生活地域特点的基础上，以布料不断替代皮革，不断形成满族自己的风格。万变不离其宗，满族对立体感的偏好，已经形成自己的特色。京绣，虽源于帝王城下，但究其根源也是满族作为统治者的喜好所现，作为典型的刺绣品种，其立体特征就是与苏绣最大的区别。

图5-59 挖补绣鞋苫子

第六章
满族服饰的装饰

第一节　满族服饰艺术审美

　　前面已经用大量篇章来介绍满族的民族发展历程以及服饰特点。由此可以看出，满族作为中国东北地区历史悠久的少数民族，她的先世肃慎族部落，早在舜帝时代就已被称为"东方大国"。先秦时期，是以擅长射猎而著称的北方民族。在肃慎之后，又以挹娄、勿吉、靺鞨、女真等族名出现在历史轨迹上。直到1635年（天聪九年），皇太极改女真为满洲，后被称为满族。

　　满族服饰源于东北北部和东北部边远地带的女真人，那里始终是世界范围内分布辽阔、形态完整的渔猎文化区。满族服饰与赫哲族、乌德赫人、鄂温克族、鄂伦春族等这些北方民族的服饰有着血缘和文化的联系，同为明代女真的后裔，满族因南迁而分化为新民族。迁徙中多重外部文化对满族产生了不同程度的影响，满族服饰因接受不同民族的文化刺激而不断发展变化（图6-1）。

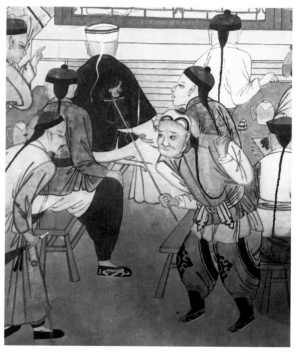

图6-1 《戏院景图》局部（首都博物馆藏）

一、具有不断发展变化的特点

人们都知道"百里不同苗"，苗族有百族之称，是一个横向地域上的变化。苗族的服饰变化缓慢，民族特点强烈。而满族服饰却是纵向时间上的变化，每一个时期的满族服饰都有自己的特点。满族服饰是在民族运动中不断积累变化的，不断从相邻民族的服饰中汲取优点，从而改变本民族的服饰，使之与生活地域、生活方式的变化相适应。

满族服饰可以划分为几个历史阶段：萌芽期，指满族在女真族时期的服饰状态；早期，指满族在逐渐形成本民族服饰形态的时期；中期，指不断完善民族服饰形态的定制成熟时期；末期，指满族服饰逐渐退出中国的统治舞台，转向世界服饰舞台。这种划分有时与历史发展阶段相符合，如清朝的建立；有时与历史进程相错，如清王朝的结束并不意味满族服饰的退位（图6-2）。历史上的重大事件也是导致服饰变化的重大契机，如鸦片战争。

图6-2　金代供养人（阿城博物馆藏）

二、先接纳后改造，呈现多元化特点

正因为满族服饰具有历史发展的阶段划分，也就出现了不同历史时期的服饰现象，形成满族服饰自己的独特景观。

早期满族服饰与东北北部其他民族的服饰基本相同，风格是相互融合的。以女真人建立的金国到在赫图阿拉建城建都建族为早期界线，在此之前的服饰都视为满族萌芽时期的服饰，与赫哲族服饰一样，具有原始渔猎部落的特点；此后，满族与蒙古族密切交往，受蒙古族文化的影响比较明显，使满族服饰从头到脚都可以找到蒙古族服饰的印记；从满族进入北京建立清王朝接纳大明宫殿开始，就

图6-3 旗袍（辅仁大学藏）

明确接纳汉族文化与思想，服饰从定制、纹样、工艺、刺绣等诸多方面都直接与汉文化相连接。在此期间，满族女性服饰发生巨大变化，由刻意保持骑射民族特点而坚守"瘦身窄袖"，逐渐发展到后期自觉引入农耕民族的"宽袖高底"；后期，从鸦片战争开始直到走下统治舞台，满族统治者吸纳了大量西方文化，西方服饰审美观进入满族服饰之中，直接改变了满族的审美观念，旗袍由原生态的宽大平直开始逐渐演变成随身合体的形式。过去分辨满族的标志是看衣看脚，穿旗袍的大脚女人定是旗妇。而民国时期则无法从着装来判断女性的满族身份。旗袍从由满族人穿的少数民族袍服，到被推广为全国上下所有女性都可以随意穿着的服饰，已彻底失去了民族的界限，失去了少数民族标志的作用（图6-3）。

三、原生态的民族痕迹

尽管满族服饰具有如此多元化、多民族的风格特点，但是满族的印记反而在吸纳过程中不断鲜明起来。这对今天学习西方艺术、传承民族特点，有很好的启示作用。

（一）渔猎习俗的先民遗风犹存

在众多服饰当中很容易区分出清代服饰，"大镶大沿"就是其标志之一。而这种"大镶大沿"恰恰就是渔猎民俗的遗留印记（图6-4）。汉族多为农耕，养桑种麻织布，可以形成宽幅布料。而以渔猎为生存方式的民族，要用所捕获的兽皮、鱼皮连缀成片后再裁制服装。赫哲族现在制作一套鱼皮衣大致需要剥制近百条鱼的鱼皮。鄂伦春族人制作袍服也不是一兽即可。"集腋成裘"，渔猎民族服饰需要高超的拼接技能，所以在满族服饰中出现大镶大沿也在情理之中。而"镶"的工艺则是为适应中原布料所做的改进。使用宽幅布料制作袍服，如果按传统工艺方式将大块面料剪开后再拼接，可惜而且多余，便顺理成章地以"镶"代"嵌"。

满族有很多方便行动和生活的服饰组织结构。例如，缺襟旗袍、领衣儿、一字襟紧衣、箭袖等部位，都可以根据需要拆卸。大家熟悉的立领，也是用缲针法缝合在领口处的，方便使用者及时拆卸清洗。这些服饰结构既有先民生活方式的遗留，也有先民服饰的痕迹。

图6-4　大镶大沿的短衫

（二）思乡情结与帝王气势

难忘家乡山和水。很多学者都把清代帝王身上所用的"海水江崖"图纹解释为皇权"一统江山"的意念体现。站在民族学的角度，从满族先民沿海、沿江、沿山，南迁东移的历史轨迹来看，一直是"逐水草"而移动。住进皇城的满族后裔一直用多种方式怀念渔猎文化，除经常举行习武围猎外，服饰很自然也成为他们寄托思念的载体。在帝王使用的朝服上出现大量形式多变的水纹、山纹，形成清代著名的"海水江崖"（图6-5），并逐渐固定为程式化的表现形式，如三江水、五江水、弯立水、直立水、卧水等。色彩对比强烈，气势宏大，仅是要体现出帝王的辉煌与霸王气势。

图6-5　海水江崖的龙袍（沈阳故宫博物院藏）

怀念先祖神灵。满族女性发式有很多种（图6-6），最为熟悉的"两把抓""大拉翅""燕尾儿"和不为人所熟悉的"旗座"等发式，都带有怀念先祖的印记。"大拉翅"，在蒙古语中是"雄鹰的翅膀"的意思；"燕尾儿"是"鸦和鹊"的尾形；"旗座"从侧面看更似"鸦和鹊"。鹰和鸦鹊都是满族的崇拜神。男性的长辫、顶戴花翎，女性的头正花、长穗、指甲套、马蹄鞋等都具有怀念祖先的寓意。

留恋自由生活。满族女性服饰上经常使用大量的蝶草图案，图案组织形式喜爱自由排列，即便是团花，每一个花团都有自己的变化，很少有重复纹样出现。服饰上有通身花纹、折枝花纹等，应季服饰必对应应季花草图案，这种装饰风格与大明朝规则的服饰图案有着明显的本质区别。满族那种策马奔驰的豪爽生活方式，四季分明的生活习性，冬日里家人围坐炕头拉呱儿的悠闲，一切看似平常的生存状态反映在服饰上就呈现出这种对自由的认可。

图6-6　女片缠儿的发型《合家欢乐》年画局部（首都博物馆藏）

四、从头到脚充满谜语

尽管满族服饰是距离现代生活最近的历史服饰，但其中依然有很多服饰习俗难寻答案，有很多未解之谜等待后人破译。笔者以标志满族特征的从头到脚的帽鞋为例进行阐述。

（一）满族高底鞋究竟是因何而凸起

马蹄鞋，到目前为止没有人能说明白其鞋底究竟因何而凸起，因为一切变化都应该有一个发展的过程，如当今的鞋式变化，就不断以坡跟、中跟、高底、发糕底等形式发展演变着。可是，在满族鞋文化发展中，很难寻觅其过程中的样式，所有高底的说法也都是人们的推测，唯有在京剧中能够看到相同的鞋式（图6-7）。

图6-7　蝶纹双层马蹄鞋（吉林省博物院藏）

（二）大拉翅究竟代表了什么

前面虽然说明"大拉翅"的蒙古语含义是

"雄鹰的翅膀",但满族妇女为什么选用鹰的翅膀来作为发式的模拟对象,究竟要纪念什么?而"旗座"的发式也是同理吗,真是在模拟鸦鹊吗?在蒙古族的最早发式中就有将头发梳理成羊角样式的,在西南少数民族中也有盘成各种动物形象的发式,如畲族就用发式模拟雄鸡。满族发式也在模仿雄鹰、鸦鹊吗?目前尚没有文献能够明确提供答案,一切都属于学术推测(图6-8)。

(三)男性为何留发梳辫子

满族成年男子放弃孩童时期的髡发,逐渐成为自己坚守的特点,即前秃后辫。男女都在结辫后的发梢中加入大量带,使辫长尽量及地(图6-9)。从先祖神话中可以看到满族对太阳的崇拜,阳光沿头发普照大地。

(四)蝴蝶为什么会满身飞

蝴蝶能在西南少数民族文化中寻得文脉。满族女装中运用最多的就是蝴蝶图案,以百蝶为主题的服饰非常常见(图6-10),甚至《红楼梦》中宝玉也穿着以百蝶装饰的服装。为什么如此大量地使用蝴蝶纹样?有学者提出蝶与"耄耋"中的"耋"同音,取其同意。"耄耋"一词本属汉族文化,难与满族思想相对应。而"化蝶"一说,皆为今人思想。

据查,蝴蝶纹样最早出现在今哈尔滨市阿城区金上京出土的金人额巾上。

图6-8 旗头背面

图6-9 长发及地的辫连子

图6-10 凤蝶大挽袖(沈阳故宫博物院藏)

第二节　满族服饰图案

　　满族图案所具有的特点是"逢图必有意，意必吉祥"。意，即为图背后的故事。例如，芍药花纹背后的故事是芍药女神大战恶魔。因此，满族人看图案看的不是花纹如何漂亮，而是看花纹讲的是什么，花纹代表了什么吉祥寓意。以留存的素材范本来看，满族图案遍布于满族人衣食住行的物品装饰。以源于民间的服饰、枕顶、幔帐、门帘、被面、椅套、镜套、扇袋、荷包等居多，扁方次之。衣食住行中的图纹为无生命呼吸特征的植物形象，萨满祭祀图形多为有生命呼吸特征的动物形象。当满族走入中原后就完成了由早期渔猎民族向农耕民族的转化，满族图案中就已经融入了大量的外族文化信息，装饰图案吸纳了有生命呼吸特征的部分昆虫形象。扁方虽为满族大拉翅专用，但其形成的时间节点为清代中晚期。当人们在民间以习俗为重点装饰的同时，即保留了部分原有的游牧民族特点，虽然有民族习俗的沿袭，但也充分显示出其他民族的特色。民间的能工巧匠在自由创作中努力为自己增加一种奢侈和浮华，让图案中存留了大量的时代时尚因子。

　　笔者以满族原始民族宗教信仰为理论基础，细致剥离其他民族的影响因子，尽量提取出满族为之坚守的民族图案特点。

一、历史演变

　　满族服饰图案可以分为早、中、晚三个阶段。满族先祖尚属部落，具有原始风貌，文化也属于起步阶段，充满人类的童真与稚气。早期图案图形简单，宗教信息丰富，带有很多明显的民族特色。可以从相邻民族的服饰图案上来看北方民族的共有特点，赫哲族、蒙古族、鄂伦春族、鄂温克族等民族的服饰图案因受服饰材料所限，图案纹样无法细腻丰富，在皮革上的图案只能豪放、粗犷、立体，如俄罗斯博物馆中的那乃族鱼皮纹饰上就有着蛇样图形。金代女真人对鹿纹非常喜爱，《金史·舆服志》中有女真人服饰以熊鹿山林为纹的描述。这些形象在金代出土的玉砖雕饰中也有大量反映，造型上很有特征，有的漫步缓行，有的奔腾飞驰，充满游牧民族的生活气息。

伴随女真人的南迁，这些特征逐渐保留在鄂伦春族、鄂温克族等北方民族的服饰图案中，而满族服饰则和伊斯兰教服饰图案特征一样难见动物形象，在服饰上看不到民族宗教所敬仰的鸦鹊图案，此点也与其他西南少数民族有所区别。但在萨满服饰上图案形象则以动物为表现主体（图6-11），保留了天鹅、鹰、鹿、熊、马、虎、狍等形象。图案表现方法是用小块兽皮剪贴图形，用兽血涂画，用植物汁液染色。这些天然描绘材料自然无法细致刻画。据记载，用鱼皮、兽皮、桦树皮剪出母样（图6-12），使用时将母样与新料贴合在一起，然后放在油灯下熏，剪掉烟熏的部分，形成新的花样，这种工艺被称为熏样。

从金代女真人进入中原开始，"一代风俗自辽金"，金上京出土文物上的图案有夔龙、鸾凤、云鹤、鸳鸯、梅花、菊花、忍冬花等，说明了女真贵族与汉族的沟通程度。中原文化与女真文化双向渗透，女真人大量接收汉族文化的信息，随着民族南迁的脚步，满族入关以后，长期与各民族杂居，服饰图案有不同程度的演变。雍正时期，西藏龙袍（龙袍是泛称，并非皇帝独用）上绣有西藏特有花纹。

在民族意识逐渐明晰的状态下，满族逐渐充实本民族的图案，渐渐形成本民族图案的风格特点，日常服饰图案以虫、草为主，而礼服图案吸纳前朝的礼服图案，以龙蟒和其他动物形象作为官位等级的标识。从服饰图案形象统计上可以看出，满族妇女在华丽的氅衣和衬衣图案形象上应用大量南方花草，其他昆虫也渐渐退出，只保留蝴蝶作为常用形象。随着历史的发展逐渐转向汉文化和西方文化，

图6-11 萨满神服局部（俄罗斯布拉戈维申斯克市博物馆藏）

图6-12 鱼皮补花

清末期，满、汉两族服装图案相互融合，积极吸纳外域图案风格。可以说，人们今天所认识的满族图案应该是在清代末期成熟完善的，表现出深沉简淡、豪爽质朴、以俗为雅的艺术风格。

图6-13　紧身衣云头纹（四川大学博物馆藏）

花绦子常为男女服饰、帽子、鞋、幔帐、桌罩、椅披的边缘装饰，图案组织为二方连续纹样形式。满族服饰图案的总体特点是以天然植物纹样为主，动物为辅；以现实形象为主，神话传奇形象为辅；以天地云海为主，人造器物为辅。按照这种思路再来看满族图形纹样，心中就会很清晰地反映出所有图形产生与应用的思想脉络。满族是一个以自然为神明，以自然为神圣，崇尚自然，依赖自然，具有强烈宗教信仰的民族。所有吸纳引入的图形都是要以围绕体现这个信仰宗旨为标准的。所以，满族对自然的描绘与采用都注入了深深的敬畏情感（图6-13）。

满族服饰图案不是人们为自己增加的一种奢侈和浮华，而是女性心灵中自然焕发的一种支撑生命和扩张生命的活力，同时也是人类智慧与生命之延续。故宫博物院典藏的大量清代服饰，均来源于江南三织造的绣工之手，自然会在清代宫廷服饰加工绣制过程中带入江浙地区的文化特征，在北方的豪放、粗犷、简练中兼有南方的秀美、精巧、丰富。这些特征也直接影响民间服饰图案的艺术风格，使满族服装图案在纹饰、色彩、构图上都呈现出精细、艳丽和繁复的形态，形成了特定的装饰语言。丝绸锦缎的流光溢彩，刺绣纹饰的精美绝伦，成就了满族宫廷服饰绚丽多姿的巅峰。

二、图案纹样

满族服饰上的代表图形是海水江崖、云水、花草、四君子、龙凤、暗八仙、八宝、八吉祥等。经常在衣襟、鞋面、荷包、枕头等物品上刺绣花草、鹤鹿、龙凤等吉祥图案，以及汉族的福、寿、卍（万）等吉祥文字。特别是云纹、水纹图形变化丰富，结构严谨，将历史上的云纹、水纹图形进行了继承和发展，极大地发挥了云纹、水纹图形的祥瑞征兆、山河一统的寓意特征，展现出特有的艺术魅力和艺术风格。

（一）花卉图案

满族原始部落对自然万物充满神圣的敬畏，史诗中出现大量花神。满族人眼中，那盛开着不同姿态花朵的植物都是能够救命的药材，而非当今文化中以花为美的装饰含义。满族对装饰形象的选择与其所看中的生存意义的相关性远大于汉文化中的富裕和对美好爱情的追求。可以这样理解，作为一个部落，他们所考虑的是生存，而非生活。能够生存下来，是这些靠天赐食物、居无定所的渔猎民族的第一需求。这与汉族中原富裕的农耕文化是有差异的。《萨满教与神话》一书中记录了1937年白蒙古所讲的满族民间传说《天宫大战》九腓凌中的七腓凌"世上为啥留下竿上天灯？世上为何留下爱戴花的风俗？"即说明满族对花卉的认知（图6-14、图6-15）。

图6-14　马褂图案（实物绘制）

图6-15　晕色花纹褂（实物绘制）

花神为谁？民间有说：从小寒到谷雨，共历时四个月，每个月有两个节气，四个月共有八个节气，每个节气有十五天，每五天为一候，一共有二十四候，每个候以花的风俗相应。此八个节气及其对应的二十四番花信风分别是：小寒——梅花、山茶、水仙，大寒——兰花、瑞香、山矾，立春——迎春、樱花、探春（望风），雨水——杏花、李花、菜花，惊蛰——桃花、棠梨、蔷薇，春分——海棠、梨花、木兰，清明——麦花、柳花、桐花，谷雨——牡丹、荼蘼、楝花。

十二个月里有十二位花神：正月梅花——花神林和靖，二月春花——花神燧人氏，三月桃花——花神崔护，四月蔷薇——花神汉武帝，五月石榴——花神张骞，六月荷花——花神杨贵妃，七月槿花——花神蔡君谟，八月桂花——花神窦禹钧，九月菊花——花神陶渊明，十月芙蓉——花神石曼卿，十一月枇杷——花神周祗，十二月蜡梅——花神苏东坡，闰月花神是钟馗。花神庙的两侧供有手执十二尊花神、闰月花神、四位催花使者像。杭州西湖亦有花神庙。

（二）四君子

与蝶草纹样同时存在的还有"梅兰竹菊"四君子。"四君子"本是汉族文人画作中常表现的题材，与满族原始部落文化无法衔接，毋庸置疑"四君子"是满族吸纳汉文化的典型例证。满族是生活在北方的民族，山有杏花，但没有梅花；地有芍药花，但无牡丹花（随着气候变暖，园艺栽培，东北沈阳地区已经出现可以室外过冬的牡丹）。所以，北方人会把梅花误认为杏花，把牡丹误认为芍药。竹子也是在北方无法生存的植物。即便是兰草，北方兰草也与南方的相差甚远。多是以生机蓬勃的墩兰出现（图6-16），而书画中出现的幽兰，与其说它是兰花，还不如说是兰草。常见的菊花图案，据说是源于慈禧喜爱菊花而成为时尚图案形象。满族人接纳它，并作为自己民族服饰上的主体纹样，是源于对自然神灵的宗教充分发挥满族敬花的信仰，纳百花于一身。

图6-16 四君子之一——墩兰

（三）云水纹

海水江崖极富装饰性，是满族服饰上最具有特点的图形纹样，水、云、山崖、动物、器物同时出现在一个场景上，可以说是气势宏大的组合纹样。海水中央耸起山崖，寓意江山万代。清代的云纹、水纹图形一直被称为"五彩祥云、五色纷纭、天下太平、海水江崖、八宝平水"，形象千变万化，丰富之极，特别是对最高统治者来说，有着深层的含义。苍天大地，江河湖海，尽在统治之中。云纹、水纹图形在服饰上的应用，同历代相比，更加丰富、大胆（图6-17）。

1 水纹

单是水纹就可以分成"三江五水"，即弯立水、直立水、立卧三江水、立卧五江水、全卧平水等。条带状水纹五彩绚丽，常在下摆或龙纹下面装饰，随着下摆的波动，形成华丽曲线。水纹图形有粗线、细线交替排列，或五色粗线退晕排列。浪花翻滚的形式有旋涡式和水波式。水纹排列有序，规律、均齐，还有海洋生物鱼、海螺等纹样。八宝平水、八宝立水，以独特形象出现在世人眼中，图形为海水围绕着、簇拥着寿山，波涛翻滚，浪花飞溅，以平斜线、竖斜线、曲线、波浪线、螺旋线等诸类线形结构，创造出抽象美。晚清时期，立水斜线越发简单，退晕层次渐少，出现了水位越高、水势越小的图形势态。立水图形所占服装的面积越来越多，几乎占整个袍服的三分之一。

2 云纹

云神，满族称"依兰图其"，又称依兰格格。传说白云依兰格格为人间解救洪灾与天神对抗。萨满女师在自己的神裙上绣满云朵图案，象征依兰格格，寄托北方民族翔飞天宇的憧憬与理想。

早期严谨、富于变化的云纹发展到晚期变得简率、平稳、造型各异。自然而多变的云朵，形态各异（图6-18），如五彩祥云、行云、卧云、七巧云（拐子云）、四合云（四个如意形组合）、杂云（即骨云）等。着色的云形与单线的云形，并置在一个平面上，既有层次感又有空间感。云纹图形以一个基本形为基础，大圈套小圈重叠出现。也有多个云朵连接在一起，由一个主线引导着，以各种姿态展现出自由形式，随主线错落有致。凤凰身边的云纹图形造型，更趋于图案化的对称

图6-17 十二章纹龙袍料（沈阳故宫博物院藏）　　　　图6-18 补服图案中的云卷

式，仙鹤身边的云纹图形，运用直线、曲线相结合的几何图形衬托出仙鹤的珍禽形象。孔雀身边的云纹图形变化单一、粗犷，与山石、牡丹花、桃花、蝙蝠形象形成统一体。

满族在寿材的两帮上要画山水花纹、云子卷儿，满族老人称"鞑子荷包棺材"；画云子卷儿和仙鹤等的俗称"花头棺材"。

3 云呼水应

云水图形的另一大特征是五彩祥云出现时，必有八宝平水呼应。五彩祥云根据空间位置不同、角度不同，云朵形象丰富自由、造型各异，形象准确，富于个性，可谓多彩多姿。有的云纹、水纹造型简单、不烦琐；有的云纹、水纹以构成形式出现，或以渐变形式出现。特别是在动物、植物身边，所展现出的各种云水形象更是生动，帝王、官宦、贵妇人所穿着的服饰最具有代表性。

云雁身边的云水图形，以一个基本式，按骨格形式排列，并以特异的手法，将八吉祥图案穿插在中间；白鹇身边的云水图形，运用几何形式表现（图6-19），植物以抽象的形式出现，画面协调、统一；麒麟身边的云水图形，配有红、橘相间的蝙蝠图案，形象自由，随意性强；狮子身边的云水图形，以重叠有序的形象出现；虎、松树身边的云水纹图形变化大，基本元素以不规则形式出现，穿插在蝙蝠、植物花枝中；獬豸是传说中的异兽，是执法光明、公正的象征，其身边的云水纹图形也有其独有的特征，图形变化大，形象严肃、干练，并配有苍松、坚石，形成一幅威严、肃立的景象；衬托花、鸟的云纹是以简洁线形成图形，以二方连续的形式在画面中出现；衬托梅花、兰花、竹、菊的图形是如意云头，水纹采用写实表现手法表现出层次变化丰富的秋塘景色，衬着草虫嬉水的形象。

4 龙云共存

龙无云，不能参天。龙，只有在云海间才为活龙。凡画面上出现龙，就一定会有云、水、火的出现。龙袍图形主要就是龙及"蟒水"即海水江崖。怒发纷披、双目眦裂、张牙舞爪、翻腾行坐、首尾相绕的神龙身边祥云缭绕，水纹图形变化丰富。龙在云、水之间有灵气、活气，端庄、严谨、昂扬矫健、气势宏大，在服装上具有体现皇权特定的象征意义（图6-20）。

仅透过云纹、水纹图形在各个方面所展现出的艺术特点、艺术功能，就可以感受到满族文化思想及审美意识的变化，艺术创造的匠心。对云纹、水纹图形的研究、理解，有利于人们对满族文化历史的发展有一个更加全新、全面的认识。

图6-19 补服图案（实物绘制：梦兮）

图6-20 服饰上的云龙图案（实物绘制：赵乔）

（四）蝶草纹

萨满教对先知春讯的昆虫十分崇拜。在满族早期服饰和偏远地区满族服饰的花绦、衣身刺绣图案中，还存留有蛾、蚂蚱、蟋蟀、青蛙等多种生灵形象，这些生灵都是春天到来时最先报春的。清代中晚期以后，这些生灵逐渐从北京宫廷服饰中消退，唯有蝴蝶形象被保留下来并被扩大使用。

蝴蝶，满语"额尔伯里"，是很多民族图案中经常出现的形象。西南少数民族称其为"蝴蝶妈妈"，在这背后有一个关于生育的故事，与蝴蝶在萨满中的神职位置相同。

蝴蝶的幼虫（菜青虫）实际上会对农业、牧业产生极大的危害，一夜之间，一片绿地就会被蝴蝶幼虫蚕食一空。从农业生产、牧业生产的角度来讲，作为普通农牧民，不会因蝴蝶翻飞的舞姿而喜欢这个形象。蛾（图6-21）与蝴蝶同属一科，但又有不同。蛾翅膀的弧线向下，蝶翅膀的弧线向上；蛾须粗壮，蝶须细卷。在北方生活着巨大的蚕，体量是南方桑蚕的几倍大，食用柞树叶，破蛹化蛾后形成的柞蚕蛾也是南方桑蚕蛾的几倍大，柞蚕蛾的产卵量也很大。

如绣画"四毒"一样，蝴蝶经常出现在服饰纹样上，与文人墨客笔下翩翩飞舞的浪漫不同，与梁山伯与祝英台的爱情故事不同，更多的应该是人们对蝴蝶生存能力的敬畏，对蝴蝶生育能力的敬畏。

图6-21　皇蛾（又名蛇头蛾，身长25～30厘米）

　　这也就可以解释为什么蝴蝶能够成为各民族喜爱的形象，为什么蝴蝶也是满族生活中应用最为普遍的纹样形象。蝴蝶不仅是皇家女性和贵族女性服饰上的常用形象，甚至在男性服饰上也有所运用。《红楼梦》第三回中描写宝玉和王熙凤分别穿了"二色金百蝶穿花大红箭袖""镂金百蝶穿花大红萍缎窄衬袄"；《儿女英雄传》中也描写有"只见那太太穿一件鱼白百蝶的衬衣儿……"。

　　蝴蝶纹样被这般应用，可谓彩蝶翻飞。这种装饰方式让人们感受到其中超乎寻常的神秘力量。"耄耋之年"体现的是汉族文化，虽有"蝶"与"耋"同音，但仅仅依靠"耄耋之年"的寓意推测，不足以说明满族人如此喜用蝴蝶习俗的因由。究其缘故，萨满学者郭淑云曾经在其《萨满面具的功能与特征》一文中提道："蒙古族萨满为不育者求嗣时，要表演一种名叫'额尔伯里'（意为蝴蝶）的舞蹈。由6个或8个儿童戴着憨态可掬的面具，在头戴面具的老人带领下嬉戏舞蹈。戴上面具的老人象征着保护儿童的萨满神祇。人们相信通过表演面具舞，能为求子者带来福祺。"可见，在萨满宗教信仰中蝴蝶具有与"送子娘娘"一样的宗教神力，满族在服饰和日用品中大量应用蝴蝶图案，祈望民族繁衍昌盛，子孙满堂，后继有人。在同样信奉"萨姆"的西南少数民族中也有"蝴蝶妈妈"等说法（图6-22）。《苗族古歌》中记载了蝴蝶妈妈孵化出苗人祖先姜央，苗人敬拜蝴蝶以为图腾，保佑子孙繁衍。水族传说在天上有九个太阳的时候，蝴蝶展开大翅膀遮蔽太阳，救下一对快被晒死的母子，水族妇女不忘恩情，将蝴蝶绣在背扇上。

图6-22　蝴蝶妈妈纹（贵州苗族背扇）

从图案组织来看，蝶以写实、自由、平衡的形态出现在图案中，蝴蝶上下翻飞、两两相对，称"喜相逢"，再加上双喜字，则是"喜上加喜"；蝴蝶的飞舞形象自由多变，也比其他昆虫更适合满族服饰那种自由排列构成的图案风格，更适合表现满族妇女内心深处对先人游牧生活的怀念之情，透露出一种自由自在的民族气息（图6-23、图6-24）。

目前尚未从文献材料中查证到如此大量使用蝶纹的原因或是其他缘故，但蝴蝶纹样的使用历史，可从金人戴的额巾（图6-25）图案上看到，其纹样造型、排列组织与今天图案具有惊人的相似性，由此可以窥见图案的传承特点。

图6-23　蝴蝶衬衣（实物绘制）

图6-24　百蝶衬衣

图6-25　金蝴蝶额巾（金上京历史博物馆藏）

（五）龙蟒凤

金上京的阿城和辽宁抚顺永陵都有满族崇尚的"坐龙"形象。

龙是中国民间四灵"龙、凤凰、麒麟、龟"之一，也是中华民族最古老的氏族图腾之一。远古时期，人们敬畏自然、崇拜神力，于是就创造了这样一个能呼风唤雨、法力无边的偶像，对其膜拜，祈求平安。数千年来，龙在人们的心目中是神秘而又神圣的，并逐渐成为图腾的代表。今天所知道的龙的形象综合了各种生物的特征：鹿角、牛头、驴嘴、虾眼、象耳、鱼鳞、人须、蛇腹、凤足。

龙的形象经过不断发展变化，在漫长的历史过程中经过战争和联合，信奉龙图腾的民族逐渐成为领导，龙的图腾逐渐成为中华民族信奉的旗帜。其他民族原来信奉的图腾形象逐渐被吸收、被充实到龙的形象中，因此龙的特征越来越多，形象日益复杂和威武，成为皇帝的代表。

蟒与龙同形，但官低一级。龙蟒只以爪趾数上论差异，龙为五爪，蟒为四爪（图6-26、图6-27）。如果受赏得一龙袍，须将爪拆除一趾，将五爪降为四爪。

凤凰是飞禽之首，是传说中的瑞鸟，羽毛美丽，雄称凤，雌称凰，为四灵之一（图6-28）。"凰"与"皇"谐音，为至高至大之意。据古籍记载，凤凰的特征是鸡头、燕颔、蛇颈、龟背、鱼尾，有五彩色，身高六尺许，是天下太平的象征。《山海经》谓："其全身羽毛皆成文字，首文曰德，翼文曰义，背文曰礼，膺文曰仁，腹文曰信。"凤凰的神话传说，最早流传于东方，因此有东方神鸟、长生鸟之称。凤凰是中国古代传说中的百鸟之王，在中华文化中的地位仅次于龙，常用来象征祥瑞，亦称丹鸟、火鸟、鹔鸡。凤的甲骨文和风的甲骨文字相同，即代表凤的无所不在及灵性力量。

龙凤历来都被视为皇权、贵族的体现，男女性别的代表。龙凤同为一种神奇的拼合动物，是人间无法看到的神性物种。满族学习汉族服饰礼制，接纳了汉文化，把龙凤依然作为皇家的象征，但与汉族不同的是，只允许普通人家在婚嫁礼仪上佩戴凤冠。民间只许采用三只凤尾翎的凤凰，以区别宫廷贵族皇权的限定。

满族借用汉族龙凤，以自己的民族习惯给予其新的诠释，即凤与龙地位相同。龙凤位置可随心拟定，也可凤凰在上，盘龙在下，龙凤同时呈祥。充分体现出满族母系氏族社会遗存的女性观念。凤凰与吉祥花草组合，实际是与满族所信奉的

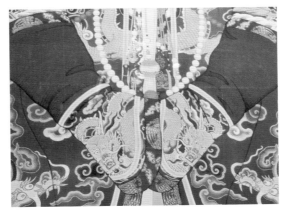

图6-26 立龙紧身局部　　　　　图6-27 箭袖上的龙图案　　　　　图6-28 机织凤凰图案

花神相融合，不唯汉族规矩所限，非常有魄力地为己所用，大胆改革，把龙凤位置进行了翻天覆地的变化，不再遵循汉族龙在上、凤在下的制约规则。

在满族宗教中，最具有权威的不是男性而是女性。直到清后期，在汉文化的影响下，满族才出现男性萨满。正因为有这样的宗教文化基础，慈禧才有主张和实现这种"凤在上"的可能，龙凤换位从根本上就符合满族女性为上的宗教思想意识。

朝服中的正龙纹也往往围绕一个圆形，形成一个"吉"字的变体。

（六）暗八仙

在满族图案中存有大量器物图案，如多宝架、瓶花、花篮、盛器、灯笼等，各路神仙都为其所用。这些象征图形也成为满族常用的器物图案。

以"暗八仙"扩展出"八宝""八吉祥""八音"等典型代表图形。满族生活中极少用到"八音"图形。"八仙"原为汉族宗教思想的化身，"暗八仙"作为独立的纹饰图案出现，大约是在明末清初，如在铁源主编的《明清瓷器纹饰鉴定·图案纹饰卷》载："暗八仙纹饰始于康熙时，但传世品甚罕，雍正、乾隆时期较多，并基本贯穿整个清代。"满族采用了"暗八仙"的手法来表现八位仙人，这符合满族图形中要回避出现人物形象的装饰理念。选用八位仙人所持有的特定器物进行装饰变化，并且大量地应用到日常生活的各个方面。"暗八仙"有葫芦、团扇、玉板、莲花、宝剑、横笛、花篮、渔鼓，是八位仙人各自所持的法器。葫芦为铁拐李用于救济众生的宝物，团扇为钟离权起死回生的宝物，玉板为曹国舅命万籁无声的宝物，莲花为何仙姑修身养性的宝物，宝剑为吕洞宾驱魔镇邪的宝

图6-29 暗八仙纹

图6-30 补服图案（实物绘制：孟曦）

物，横笛为韩湘子妙令万物生灵的宝物，花篮为蓝采和广通神明的宝物，渔鼓为张果老占卜星相的宝物（图6-29）。"八宝"是指宝珠、方胜、玉磬、犀角、古钱、珊瑚、银锭、如意，"八吉祥"是指花、罐、鱼、长（指盘长）、轮、螺、伞、盖。此二者均源于中国古代传统风俗，是象征尊贵和富有的装饰图形，也是满族服饰上最为常见的图案。

（七）补服图案

清代补服图案是满族承袭明代礼服制度用于官吏服饰上的标志（图6-30）。文武官员补服，为珍禽、猛兽图形形象，是官位等级的标志，从一品到九品，每一品补服的图形都有极丰富的变化，形象多姿多彩、极具创意。满族使用的补服图案与明代有很大区别，主要体现在动物与云水形象的组织构成形态上。明代补服图案有很大的文人画气息，动物形态自由平衡，成双结对，云纹也是自由排列，追求动感。而清代补服图案整体倾向于装饰性表现，动物变成了突出醒目的孤身形象，姿态也由动感强烈转向安稳，装饰意味十足。

官吏补服上使用动物图案，冲击了满族原有仅使用植物作为图案纹样的民族惯例，中晚清的民间用品图案中也出现了一些在补服上出现过的狮子、鹤、蝙蝠等寓意吉祥的动物形象。

（八）如意云头纹

如意云头纹是历代服式所没有、清代时尚流行的独有装饰形式。满族喜欢在衣领、衣襟衩口使用各种彩织、绣缎带镶出如意云头的造型，增加服装色彩和装饰变化。中国历代服饰的领、袖、衣襟、衣裾的宽边为直线形，少有变化。这种缘边有绣有饰的习俗主要是来自游牧民族服饰。通查我国56个民族服饰，凡是服饰上具有如意云头造型的民族都曾经有过游牧经历。

可见，满族在吸纳各民族文化时，不是拿来主义，生搬硬套，而是非常灵活地应用到自己本民族的思想脉络中，经过消化吸收，为我所用，将这些转变成自己的能量后再散发出功效。例如，满族学习蒙古族的髡发后形成了自己的髡发，学习蒙古族的袍服后形成了自己的旗袍，学习了汉族的官服后形成了自己的补服礼制，学习西方文化新思潮成就了自己的"大镶大沿"。

三、装饰思想

在继承宋、明时期图案装饰的基础上，清末服装纹饰达到了装饰的极致，而且服饰上的其他装饰配件也呈现出纷繁状态。满族女装在图案应用上也越来越多地借鉴汉族女装的形式与内容。在装饰风格和手法上，两族女装的界限也已不再那么明确。

（一）重装饰，轻人体

清代服装理念同我国数千年来形成的服饰唯美风尚一致，将衣服本身当成一种独立的工艺品来欣赏。在图案应用上，承袭了历代传统审美思想与装饰理念，重视图案装饰，而非人体的塑造。清代女子旗袍上下一体，线条流畅，极为重视图案与装饰的曲线美，女性身体隐藏于宽衣长袖之内，极少展现人体曲线美，图案装饰华丽精美，服装图案的曲线为硬而直的线条配上温婉雅致的软性装饰。这与中国服饰历来重视纹样构图的平面章法，讲究图案的文化蕴涵是一致的（图6-31）。

图6-31 对襟褂（实物绘制）

满族旗袍，从豪华纤巧的色彩纹样到精美绝伦的服装面料与工艺，都始终围绕着装饰衣服这一宗旨，着重刻画人物的头部美和强调服饰图案、配件的装饰美。正如孔子所言："见人不可以不饰。不饰无貌，无貌不敬，不敬无礼，无礼不立。"满族服饰为了表现礼仪观念，必须"正其衣冠，尊其瞻视"。

（二）组织形式

满族服饰上经常可以看到三种装饰组织形式：二方连续或者边缘纹样，通身装饰的自由组织纹样，特定位置的适合纹样。

满族擅长在服饰边缘大量镶嵌花绦，此装饰手段大量应用了边缘纹样、二方连续的组织形式，镶嵌的花绦压满了地色，成为满族服饰不可缺少的图案饰带，可用"七分绦三分地"的说法来形容满族服饰图案组织形式的特点。

在被圈定的服饰本体上，满族女装还经常进行通身花纹的二次刺绣，这也形成了男女服饰的区别与差异，所有花纹几乎都是自由纹样或是相似纹样。经过如此一番的镶嵌刺绣之后，人们几乎难以看出服装本来的原始面料。

官服上，则镶嵌有特定形状的、可以独立存在的或圆或方的礼服图案。之所以称其为"补"，就是说明此块图案与服饰本体是分离存在，即便没有补服图案，也不影响服饰的使用性能，其图案是完全独立存在的。此外，满族男女服饰上还有围绕肩背所做的独立图案，有很多独立特定的团花装饰图案（图6-32）。

图6-32　皇后吉褂

　　团花，是对一种独立图纹的特定称呼，其形制并不源于满族旧俗，而是源于满族对汉文化的吸纳与改变。依据出土文物、历史画卷以及文献上的记载，原属汉文化的团花，因其织锦等制作工艺的限定，均呈现出非常规范的构成组织，以及连缀使用的形制。经过清代满族人的改造后，反而成了满族的特色。满族服饰上的团花图纹多为手工刺绣而成，花卉、昆虫、器物混合组团，不受机器限定，自由成型，图纹可以随兴变化，每一个纹样形象彼此之间都是没有关联且独立的，但彼此又相互关照与呼应。外围的圆形是自然顺势形成的，没有丝毫牵强的意愿。这种团纹特点，也影响了其他器皿的图形使用，逐渐形成清朝的满族风格（图6-33）。

　　可以说这些花绦、独立图案、满地花纹构成了满族服饰图案特定的风格样式。

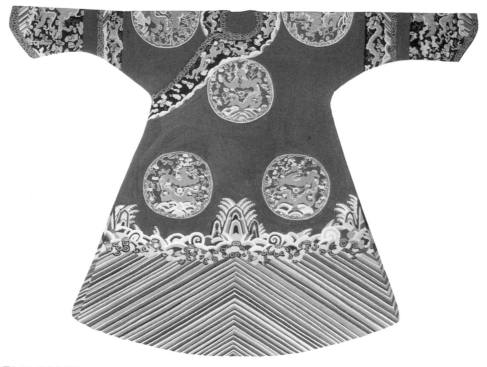

图6-33 团花箭袖袍

四、图案色彩

因为满族服饰多以深地色出现，服饰图案色彩为了与之形成对比，多以淡雅的白色、蓝紫色为主，红、粉、淡黄等色也是常用的图案色，常在红色、蓝色等颜色的旗袍上镶白色花边（图6-34）。帝王服饰图案则以明黄为主。

清代的云纹、水纹图形与历代的云纹、水纹图形在色彩上有很大的不同，演变和进化加强了云水的图形、色、神这三个方面的重点问题。晚清时期继承了重彩传统，在图形云纹、水纹的色彩描绘上则达到了一定的境界，赋彩莹润，神韵生动。五彩祥云在造型各异的云纹图形中，加大了色彩的夸张、变化，采用叠染、退染和晕染的表现技法，使色彩变化更为丰富，即使在同一画面上，也会同时出现黄色、湖蓝、浅蓝、黑色、红色、墨绿色、浅绿线、金色等云纹色彩，对每个造型的云纹图形加以描绘、刻画，视觉上给人以繁华富丽、金碧辉煌、圆浑立体之感。用色大胆、鲜明，注重强烈对比，又和谐统一，光彩灿烂，极为富丽。

图6-34 蝴蝶图案（实物绘制）

　　水纹图形更是有过之而无不及，运用明度对比变化、色相对比变化的构成形式，使色彩交相辉映、遥相呼应。用色彩塑造形象，五光十色。在色彩上同样运用叠染和晕染。有些水纹图形采用明度推移、叠晕形式，用同一色相，如绿色、蓝色，由浅入深，叠晕七八层之多。水纹图形的立体感和空间感极强。在八宝立水图形中把红色、蓝色、橘黄色、绿色、白紫色等，在自身的明度变化外，套叠在一起，形成五光十色、丰富多彩的色彩视觉构成效果。有的图形只采用金丝和蓝色，配合立水构成图形，就体现出珠光宝气的效果。在水纹中间的寿山，色彩极为丰富，多种色彩的采用，也预示着万物的活力与生机。从五彩祥云到八宝平水，图形的色彩运用，始终保持着色彩的绚丽和灿烂的光辉，透射出天地间的精神实质。

五、图案寓意

清代服饰图案讲究"图必有意,意必吉祥"。满族服饰图案是女性心灵中自然焕发的一种生命活力,同时也是人类智慧与生命之延续。衣料的图案,无论是贵族妇女的便服,还是民间女装上的刺绣、缂丝或是锦缎、丝绸衣料的纹样,多是采用视觉符号传达意义。例如,在肚兜上绣石榴和佛手的意思是"八个石榴一只手,牵住爹娘不撒手,拦住阎王不让走"。

吉祥图案,从高贵绸缎到民间印花布都运用得极为广泛,"吉"为"无不利",吉字有祥和、善、美等多义,清代祭祀礼仪都被称为"吉礼"。龙凤呈祥、龙飞凤舞、九龙戏珠等图样,隐喻着图腾崇拜,抒发着"世间继承人"的情感。鹤鹿同春、喜鹊登梅、凤穿牡丹等图案,反映了人们对美满生活的期盼。以多个"卍"字联合成四方连续图案,称为"万字锦"或"万字不到头",寓意吉祥连绵不断或万寿无疆。寿为"天赐五福"之首,帝后服饰图案中多以团寿字为饰,中间多点缀有字,寓圆满和谐之意。柿蒂纹和如意纹,寓意为"事事如意"。"富贵长春"图案是用牡丹和长春花组成的纹样,俗称牡丹为富贵花,合起来便称"富贵长春"。"福寿绵长"图案是用蝙蝠、团寿字、盘长、绶带等组成的纹样,用蝙蝠的谐音"福"音,用盘长、绶带寓连绵不断的意思,几个纹样组合起来,是"福寿绵长"。"四季平安"图案是用月季花等四季常开的花卉组成纹样。葫芦和如意云,谐寓"福禄如意"。葫芦、"卍"字、藤蔓、双喜寓意"子孙万代"。蝴蝶上下翻飞两两相对,称"喜相逢",再加上双喜字,则是"喜上加喜"。石榴、佛手、牡丹、飘带、蝙蝠、"卍"字、团寿等纹样组合在一起,寓意多子、多福、多寿,统称万代福寿三多。菊花寓意长寿,九种菊花谐音寓意是"久居长寿",慈禧喜欢菊花,采用菊花装饰服装便成为宫廷时尚。这些图案的象征意义,可以代表中国古代之伦理、民族文化及风俗。满族运用了象征的表述方法,将祈福纳祥、驱恶避邪的思想观念,通过谐音、会意、借代、比喻等方法曲折含蓄地化为图案运用到服饰当中(图6-35)。

图6-35 吉祥服饰图案（吉林省博物院藏）

六、图案风格

当满族大量使用机械纺织面料以后，在图案应用上出现了一个非常富有特点的装饰形式，即在提花织物的上面继续刺绣花草纹样，可谓"锦上添花"。一般选择纹样起伏平坦、花色浅淡的提花织物，再在上面刺绣色彩鲜明的纹样，形成底纹与主纹相互提携呼应的装饰效果，而织物的提花丝毫不能影响镶嵌绲荡的装饰行为。

满族服饰图案建立在浑厚的传统文化基础上，适时反映出人类历史的时代脚步。清代晚期织物纹样多以写生手法为主，龙狮麒麟百兽、凤凰仙鹤百鸟、梅兰竹菊百花以及八宝、八仙、福禄寿喜、民间戏曲人物等都是喜用题材，色彩鲜艳复杂，图案纤细丰富，富于变化，积淀成了丰厚而独特的文化遗产。当19世纪中叶的欧洲服装受到新古典主义的影响，出现如"巴斯尔裙"的繁复装饰时，同时代的满族服装也在进行着装饰纹样的华美构建。

清代晚期服饰图案出现了很多类似西方同时代新古典主义的特征，表现为将传统装饰风格与时代风格相结合，以及将独特的服装个性与文化元素的多元性相统一。例如，服装多表现粗犷、平直的特点，面料图案装饰细节上则尽量表现曲回、精细，以达到亲切感人的效果。衣服上绣满了各种花纹，领、袖、襟、裾都有宽阔的绲边作为装饰，镶、绲、绣、彩装饰的运用也很多。整套服装乍看是满族风范，细心品味就会发现，既有汉族装饰的题材，也有蒙古族等少数民族华美装饰的手段，这种不拘泥于古典装饰的创新多变特征产生了一种全新的审美魅力。新古典装饰风格具有深厚的民族基础和社会文化土壤，也是时代发展的必然产物。

清代后期，服饰图案不仅形式多样，而且富有韵律，适合大多数场合的应用，给人以整体的美感，提高品质，制造优雅氛围。满族女子的旗袍作为特定审美形式被固定下来，服饰作为图案装饰的"载体"，运用工艺手段和加工技术，一方面保留本民族服饰形制、色彩的总体风格，另一方面兼收异族纹样的符号。既有强烈的时代气息和传统文化底蕴，同时又摒弃了过于雷同的肌理和装饰，给人以全新的感觉。从而使服饰融合了汉、唐、宋、元、明及金代女真等特点，繁华而浪漫，传统而不失时代气息的新古典主义装饰风格（图6-36）。

图6-36 绣花压领补花边

第三节　满族色彩特征

　　我们现在所谈的色彩基本是以宫廷贵族服饰色彩为基础的。晚清时期的面料多是暗地提花织物（图6-37）。总体色彩反差大，对比强烈。花纹与地色形成色相及明度的强烈对比，以红和蓝对比、黄和蓝对比居多。细琐的小花与大面积的地色相对比，花压着地。花纹之间没有连接，面料地色成为衬托的底色。花纹含灰退晕，地色单一饱和纯正。民间服饰色彩除婚庆用的颜色外，基本是深暗的蓝黑色，略有花绦装饰。

　　宫廷服饰上花纹刺绣多由苏杭提供，纹样在配色上带有江南的韵味，灰雅素淡，色彩退晕柔和，纹样轻巧灵活。女性服饰绦边的对比色彩不仅强调了服饰轮廓，也使服饰造型呈现出明朗、爽直、干净、利落的风格，与满族人的性格相吻合，粗犷中带着细腻。

图6-37　乾隆时期的博古棉袍（北京故宫博物院藏）

一、男女服饰的主体色彩

　　满族男女服饰色彩与服饰造型一样，也有很多共通之处。例如，皇后可以在朝服、吉服、常服等重大礼仪服饰上与皇帝共用明黄色、石青色，这就等于在世人面前表明皇后与皇帝平等的概念。皇后便服上可以尽情使用各种艳丽色彩，满足女性审美心理需求。这与满族女性氏族习俗有着密切联系，男女共同劳作，共同承担生活负担。男女一同外出渔猎，与汉族男耕女织的习俗相异。延续到今天，北方女性与男性一样承担在田间劳作的辛苦，从而形成北方女性粗犷豪放的性格特征。民间女性服饰色彩基本与男性一样，不仅可以穿男人的鞋子，还可以穿男人的袍子。因为满族女性的身材比较高大，而满族的袍服又比较宽大，所以日常生活中经常会出现妻子穿丈夫袍子出门的状况。男女服饰共通的色彩基本以石青色、蓝色、黑色为主体，只是在明度和纯度上略有差异。如果用一块布料分别为男女做衣服，那差异就靠女装的绲边色彩来突显了。此外就是在特定礼节仪式上，男女服饰色彩是有所区别的。例如，婚礼服饰，女性是大红袍（图6-38），男性则是在石青色的袍服上以红带挂身。

　　　　图6-38　红色袍服（实物绘制）

除皇帝的明黄色朝服、吉服外，满族男性的服饰色彩基本以石青色为主色，同时掺杂其他色彩，如大红、月白、银灰、深蓝等色，深沉统一。女性服饰色彩艳丽夺目，红、黄、蓝、青、月白、褐各色齐全。

二、服饰上下与内外的色彩

男女服饰的上下内外色彩不同，一般来说女性的上衣色彩比较艳丽浓重，下装的色彩深暗沉稳。内外衣色彩有层次感，相互衬托。女性衬衣和氅衣虽有里有外，但是色彩都比较艳丽饱和。衬衣色彩虽然艳丽，但因为仅能从袍裾的开口处看到，所以小面积的差异，只能使服饰色彩更加丰富，不会干扰服饰整体色彩。马褂和马甲一般与袍服相配合穿着，马褂与袍服相配，形成上短下长的对比效果，即便露出箭袖，也是属于小面积的对比；马甲与袍服相配，则是马甲的面积小，形成内大外小的对比效果。除礼仪服饰必须限定色彩外，女性服饰更多注重的是演绎传统审美观念与追逐现实时尚性。

皇帝的端罩则是单一色彩，与大礼仪式上皇帝所内穿的明黄龙袍形成对比，如果是用黄色调的动物皮毛，则是含灰色的黄，端罩对应明亮纯正的黄龙袍（图6-39），不仅使黄色丰富，也为皇帝增添许多帝王的威武与霸气。皇帝穿没有

图6-39　龙纹服（江宁织造博物馆藏）

开裾的朝服，可以给人以完整统一的色彩印象。而四面开裾的服饰能使内穿的服饰色彩成为外衣色彩的补充与丰富，服饰款式与服饰色彩相呼应。皇帝常服选择石青色，少了许多张扬，显示出平常治理国家、天下平安时的干练与朴实，与众官僚服饰色彩形成亲和力，显示出江山的稳定与牢固。外出的行服则用"黄马褂"与石青色行服相配合，明黄配石青，不仅是明度上的反差，也是色彩纯度上的反差，是皇帝个人服饰的对比，也与众臣的石青行袍相对应，借以充分显示出皇权的威慑地位。男性民间服饰色彩会因经济富裕程度而追随帝王的喜好，在服饰色彩中寻求炫耀自己财富的方式。

三、满族服饰色彩特点

满族服饰色彩应用有以下四种方式：一是整体一致的色彩，几乎没有服饰轮廓线，多体现在常服与民间服饰上；二是服饰轮廓鲜明的色彩应用方式，这种方式应用比较广泛，也是满族服饰中最为常见的色彩应用方式；三是服饰轮廓不鲜明，与刺绣花色形成一个整体，这种色彩处理方式具有江南的服饰色彩特点，灰雅清淡。四是色彩过渡柔和，层次丰富。服饰色彩开始向华丽与单纯的两极分化。

（一）朴素生活，细节体现跳跃色彩

从总体上说，满族民间服饰色彩与清朝满族宫廷贵族服饰色彩相距甚远（图6-40）。甚至可以说有钱的大户和青楼女子的服饰色彩比普通百姓的服饰更加富有装饰性。为了适应地域生活、便于劳作，生活在东北的满族仍以深色为主，边缘装饰的层次甚少，很多服饰都取消边饰，以整体统一的色彩应用于日常生活服饰。随着家庭经济收入的不断增长，服饰色彩由深暗趋向浅淡，边缘装饰由稀少逐渐增多。服饰配件的色彩始终处于一种丰富多彩的状态中，绣制精美，与整体的服饰色彩呈强烈的反差。例如，烟荷包、眼镜盒等各种小件绣品多为各种明亮艳丽的绣线色彩。民间服饰多为黑、深蓝、石青、赭石、茶褐等，这些抗污染性较强的色彩。

图6-40　光绪时期的衬衣（北京故宫博物院藏）

（二）体现民族喜好，强化服饰轮廓色彩

满族服饰工艺中最具特色的是"十八镶嵌"。这种工艺的用色方式就是让服饰边缘色彩与服饰地料形成对比，使明度反差加大。服饰轮廓因色彩反差强烈而被强化，从而形成满族服饰的典型特色，成为满族服饰色彩的主体风格，使清朝服饰均受此种装饰色彩影响，甚至影响其他少数民族的服饰，使其被涂抹上一缕清朝色彩。

这种边地分明的服饰色彩，可分为边深地浅和边浅地深两种类型。服饰地料色彩浅淡，边缘色彩深暗（图6-41）。从深色花边绦子存留较多数量来看，这类服饰数量较多，而服饰地料色深、边缘浅淡的服饰数量则相对较少。

图6-41　氅衣（北京故宫博物院藏）

　　朝服、礼服多沿结构线采用夹嵌条或皮条，使结构线分明。由宽窄不同的花边绦子共同盘饰在服饰边缘，嵌袖口、下摆、衩口等处，花绦子与地料对比，多层边花绦间要露出地色，形成多条色道，将深暗的花绦间隔开。宽宽的花边经常会使服饰本身余地减少，若是在袍服地较大的面料上再刺绣花朵，那袍服地就更少显露了。

　　接袖、下摆的海水江崖都是应用反差鲜明的色彩，形成块面与线条的跳跃性色彩。

（三）接纳加工者的审美习俗，增加服饰色彩的柔和性

满族服饰中有一部分服饰地料为中明度色彩，边缘色彩深（图6-42）。但在面料和花绦上刺绣明亮花纹后，绦条各部分的深色减弱，总体色彩由暗转亮，由中调转成高调。这一部分色彩在总体服饰中所占的比重较少，体现出较强的江南味道。从产生的原因来看，江南人为了贴近满族服饰习俗，采用了很多镶嵌拼接的方式，在延续原刺绣习俗基础上，降低了北方色彩的浓烈度，增加了南方的柔和特色。满族人在由江南人加工生产服饰面料的时候，接纳了南方色彩的柔美观

图6-42　光绪时期的氅衣（北京故宫博物院藏）

念，听由刺绣人的处理，就像是四川厨师不放辣椒就不会做菜了一样，江南的刺绣人在为北方服饰进行刺绣加工时，也会不自觉地降低色彩的对比强度，这是受加工者自身状态制约而产生的结果。龙袍、海水江崖的退晕都可见加工者的审美习惯。对比色彩间的退晕过渡都处理得非常柔和、自然，没有雕琢的痕迹，充分体现出能工巧匠的色彩处理功力。这种色彩搭配方法既满足了一个民族喜好热烈色彩的习俗，也满足了另一个民族崇尚柔和色彩的心理，由此可见民族之间的融合与接纳。

男装的袍服、马褂多选择整体和谐感的色彩处理方式，如在深色面料上添加略有跳跃性的图案色彩。男装色彩也逐渐由传统的华丽转向深暗和含蓄，由多图案转向单一色彩。女装色彩体现出多姿多彩的状态，氅衣和衬衣上除用华丽富贵色彩外，还多见柔和典雅的色彩。

（四）以"锦上添花"的方式，丰富服饰色彩层次

"锦上添花"是满族服饰特色之一。满族是在底纹明显的布料上继续刺绣花纹，并喜欢让面料花色与刺绣花色形成对比。面料多为提花织物，织物组织多采用凹凸感比较强的设计方式。虽然是同色线的提花织物，但由于花纹立体感的明暗作用，花纹色彩与地色形成比较鲜明的差异。如果是色彩深重的面料，上面就刺绣色彩浅淡的花纹，形成点状跳跃色彩。服饰面料色彩如果是比较浅淡的，则刺绣色彩略深的花纹，形成满地片状、整体和谐的色彩。宫廷服饰多为在饱和浓重的色彩上刺绣，灰雅浅淡的花色，形成纯度对比。色彩多为明黄、杏黄、大红、石蓝、赭石、青、藏青等色，边缘的花纹色调与地料上的刺绣花色相同，形成色彩纯度变化。

经过如此处理之后，氅衣（图6-43）、衬衣、袍服、马甲的色彩层次变得更加丰富，形成上（刺绣）、中（提花）、下（地料）三层色彩关系。服饰色彩的对比强度也呈现出先后顺序，氅衣和衬衣最为艳丽鲜明，马甲最弱。女性的服饰色彩层次对比鲜明，男性的服饰色彩层次对比含蓄，除龙袍外，男性日常生活服饰基本没有采用二次刺绣。

图6-43 衬衣（实物绘制）

第七章

满族服饰的传承

第一节　满族服饰自身的传承与发展

　　满族服饰具有强大的感染力。首先是以统治者的身份建立国家，使一个少数民族的服饰变成东方大国的一统服饰。也许是末代王朝，在悲哀的同时也有与其他王朝不同的机遇，从被迫打开的国门中，西方人最先看到的是一个以少数民族服饰为代表的中国服饰。自1615年八旗建立之时，历经1635年女真更名为满洲的新生，到1912年2月12日宣统退位诏书为止。旗人袍服从一个部落服饰，经历了近300年的光辉生命历程。民国以后，在满族已经离开统治地位的状况下，女性旗袍成为中国女性的代表服饰，几百年来都一直自觉执行"男从女不从"的汉族女性，在西式学堂的教育下，也穿上新式旗袍走出国门，走入世界服饰。从此，旗袍寄托了全世界对中国的青睐，成为西方设计师获取东方灵感的形象代言人。

　　满族发挥本民族善学多变的进取特点，积极接纳西方服饰审美观念，将中国平直宽大的传统服饰修正至随体合身。从满族服饰发展历程上可以看见那种不断变化的服饰造型、蒙古族服饰元素、汉族服饰文化的定制、西方服饰的制作工艺与技术，可谓是走一路学一路，充分体现出满族开放、积极、宽容的进取精神，使满族服饰充满了生命力（图7-1、图7-2）。

图7-1　1910年3月的天津官员服饰（天津博物馆藏）

图7-2　1899年任鸿隽全家于重庆（中国人民大学博物馆藏）

一、晚清时间的旗袍规定

满族民族服饰在清宣统元年仍为主流，依然掌控全国服饰礼仪（图7-3、图7-4）。国门初开，身着洋服和西式做派的个别人士被指定为要受到批评制约，眼镜、皮靴、洋斗篷等装扮尚未得到民众的认可与支持。中西服饰文化在融合上虽感生硬，但终究表明中国人已经开始接纳西方服饰文化。在清朝推开的中国国门，长袍、马褂、辫子成为中国服饰形象的第一印象，满族服饰成为外国人首先接触到的中国服饰形象。

图7-3　1904年穿旗装的慈禧

图7-4　1904年的满族宫廷旗装

（一）晚清时期的服饰改革

1837年法国画家路易·雅克·曼德·达盖尔（Louis Jacques Mand Daguerre）发明了银版摄影术，1843 年法国人儒勒·依蒂耶（Jules Itier）将其带入中国，1960年摄影师进入天津，这些影像让我们看到了满族当时的民间服饰。清朝统治的近300年间，服装样式变化庞杂、繁缛。满族旗袍从清代开始被带到世界服饰中，成为世界服饰的一个元素。

1903年慈禧召曾经在日本、法国旅居的裕德龄、裕容龄一起入宫为伴。自此以后，慈禧不仅为后世留下大量的满族宫廷服饰，也推动了服饰变化的进程（图7-5、图7-6）。清末清廷批准学部所定《女学服色章程》，为女性旗袍校服制订了规章制度。

图7-5　1903年文太太和她的　　图7-6　1903年北京宫廷女性（局部）
女儿

旗袍是服饰，因文化而生，因文化而变。清代出现了穿旗袍的青年女学生，作为当年文化的、时尚的新女性，她们推动了旗袍的普及化、日常化。这批接受中西方文化教育，穿着新式旗袍的女学生，开创了妇女解放的先河，创立了新社会制度的女性政治。《女学服色章程》是慈禧生前作为满族权力者为满族服饰所做的一项重要改革。在政策的推动下，汉女穿上旗袍，摒弃民族隔阂，也为20世纪30年代上海旗袍的鼎盛时期奠定了基础，从而使旗袍有机会成为走遍世界的满族服饰。

（二）满族的旗袍校服规制

1840年鸦片战争以前，国内有50所由西方宣教会创办的教会学校，到1877年教会学校达到347所，开始招收平民入学。1898年，康有为在《请开学校折》中建议清政府设立学部，统一管理全国教育（图7-7）。1903年，梁诚抵美接任伍廷芳为驼美公使，为我国争回部分"庚子赔款"，作为兴学育才经费，开办了清华大学（图7-8）。1904年，清政府颁布了由管学大臣张百熙、荣庆与张之洞拟定的《奏定学堂章程》。这是中国近代第一个全国性教育法令，它对全国学校的课程设置、教育行政及学校管理，都做出了明确规定。1906年，清政府为普通八旗子弟设立的学校——八旗官学，被统一改为新式学堂。右翼八旗第七初等小学堂成为北京最早一批现代小学之一。

图7-7　1898年前后的旗人家庭

图7-8　梁诚于芝加哥留影（天津博物馆藏）

1907年，即洋务运动40多年后，发生了旗袍革命，但从某种程度上说，旗袍的革命也是东西方文化的交融。从那时起旗袍开始合身，不再宽大。1907年3月8日，清政府经学部奏定，颁布"女学章程"，以启发女界知识、保存礼教两不相妨为宗旨。"女学章程"包括39条《女子师范学堂章程》和26条《女子小学堂章程》，其自颁布之日起在全国通行，民国初年稍事修改后沿用。清政府设立女子师范学堂及女子小学堂，并在1909年颁布的《女学服色章程》中规定：学堂教员及学生，当一律布素（用天青或蓝色长布褂最宜），不御纨绮，不近脂粉，尤不宜规抚西装，徒存形式，贻讥大雅。女子小学堂亦当一律遵守。从"女学章程"中可见，长布褂、长衫是满族面向外族时对本民族袍服的书面称谓，至今南方地区仍有沿用。

　　1910年的《学部奏遵拟女学服色章程折（并单）》，对女学生穿着的设想，几乎到了"无微不至"的地步，并对女学生制服的样式、尺寸、颜色、布料等进行了更为具体、严格的规范。

第一，女学堂制服，用长衫，长必过膝，其底襟约去地二寸（约6厘米）以上，四周均不开衩，袖口及大襟均加以缘，缘之宽以一寸（约3厘米）为宜。

第二，女学堂制服，冬春两季用蓝色，夏秋两季用浅蓝色，均缘以青。

第三，女学堂制服，用棉布及夏布，均以本国土产为宜。

另外，还有不得缠足，不得簪花敷粉，不得效仿东西洋装束等详细的规定。

清政府这些严苛而琐碎的规定，形成了旗袍改装的服饰潮流。女学生的服饰，成为中国传统旗袍转向大众化改良旗袍的分水岭。由京城起，女学生新式旗袍形象"或坐洋车或步行，不施脂粉最文明。衣裳朴素容幽静，程度绝高女学生"成为标志，迅速走向全国（图7-9、图7-10）。由女学生们所穿着的朴素、简洁耐看的旗袍，结束了清代"男同而女不同"的全国女性服装的差异化，成为中国妇女统一的服装。

图7-9　1904年北京慕贞女校的教室　　　图7-10　1907年女学生的合影

二、宣统时期的满族民间服饰

1908年12月2日溥仪登基，宣统元年从1909年开始纪年。《醒世画报》创建于清宣统元年十月二十日（1909年12月2日），终刊于清宣统元年十二月二十二日（1910年2月1日），共六十期。报馆地点在北京前门外樱桃斜街路南，与京城的"八大胡同"相邻。李菊侪、胡竹溪以绘制的方式描绘了发生在宣统元年北京各个角落的市井新闻，记录了这个历史转折点的社会形态，为后人真实地展开了一幅清末社会生活的历史民俗画卷。过去多见闻满族宫廷服饰，而《醒世画报》则描绘出了大量百姓日常服饰，补充了民间服饰这部分内容，使人们对清代服饰文化的发展有更加全面、完整的了解与认识。

本节以国家图书馆所藏的四十三期《醒世画报》为研究范本，透过画报中的人物服饰，触摸到满族时尚与前卫的胆略。从1909年10月末到12月末，所绘人物均为秋冬季服饰，具有鲜明的北方民族特色。虽无色彩，虽有缺失，但管中窥豹、以小见大，其中细腻准确的白描人物形象为后人提供了大量满族服饰信息，且能准确反映当时社会全貌。在北京大街小巷、各种场所及各阶层人士都可以看见满族服饰，体现出多民族杂居地域所具有的特征，显现出晚清王朝依旧是多民族文化同存共融的状态，清晰可见的晚清服饰文化现象，非常具有文献及艺术价值。

（一）满族服饰依然活跃在社会各层次

从四十三期画报中的人物服饰上能感受到多姿多彩的繁荣景象，其真实而丰富的内容犹如历史纪录片。其所描绘的人物上至社会名流，下至社会各个角落与各个层面，如民妇、雅士、贵妇、使女、戏子、乞丐、老鸨、各色军人、学生、顽童、幼儿、老者等。服装的种类也比较丰富，单、夹、棉、皮各色齐备。从第三十、第四十七、第五十七等期中还可以看到英国、日本等外域的服饰风貌，可见当时外籍人士的服饰已经成为服饰西化的学习范本。

画报频频出现满族服饰，从画报文字看人们当时对满族女性服饰的称谓是"旗装"。宣统元年十一月十三日第二十四期画报中的文字说"初九日下午三钟余，崇文门外三转桥关王庙街路北通威当铺柜内，有一旗装妇人手拿剪子，在那里比着大棉袄的样子裁衣裳料儿"。

（二）满族依然一统中国男装天下

男装本是满族服饰的天下。汉族男装在"男从女不从"严厉政策下，必须遵

图7-11　1840年的浩官伍秉鉴（外销通草水彩画）

从满族服饰制度，听从满族的指挥。剃发换衣，凡不适合骑射（不束腰）的宽袍大袖都在被禁止之列。"如有衣袖任意宽大及如汉人缠足有违定制者，一经查出即将家长指明参奏，照违制例治罪。"要求汉族男人的装束按满族习俗由宽肥变得窄长，刮剃净额发，后梳留长辫发式（图7-11）。

画报所画宣统时期的男装服饰基本以长袍和短袄为主。短袄为上衣下裤，长袍为外袍内裤。裤脚的处理方式男女一样，沿用北方民族习俗扎紧裤脚。长袍的长度相对而言比较多变，如长至大腿中、长过膝、长至小腿中、长至脚踝、长垂脚面等。百姓常服中也有称"一裹圆"不开衩的袍服。长袍直立领高抵下颏，个别领子甚至可以高达脸颊。长袍袖长不一，宽窄不同，宽的略短，可以露出里衣的长袖，袖长也可抵腕或过指；袖口有敞松，有紧收。长袍两侧缝衩口一般高至膝上，也有高达臀中的衩口，有的前后左右留有4个衩口。长袍短袄后常垂露出束腰的两端长巾。长袍纽襻的缝钉也很有特点，有的是单个缝钉；有的是双纽襻成组并列缝钉，对襟马甲会在中缝设多个纽襻。马甲在腋下设3粒纽襻。服装门襟的开口样式多变，以开口腋下的大襟为主，还有开口在右胸的偏襟，开口在胸部中间的对襟，还有缺襟的样式（也叫琵琶襟）。从这些均可以看出满族服饰习俗中已经大量融合了汉文化的内涵和意蕴。

（三）满族女装依然保持长袍高髻的民族特色

《醒世画报》为我们提供了极具满族特色的发式（图7-12），从头到脚，一眼可辨旗女与汉妇。发与鞋，从上到下的呼应有规可循。满族女性高拥发于头顶，脑后留有燕尾儿，穿厚底鞋或马蹄鞋。宣统元年旗女发式保留了本民族的信仰与习俗，头上盘梳"大拉翅"，脚下则是马蹄鞋；梳旗座顶发髻时，则多穿厚底鞋。即便是老年女性也要戴着大拉翅或者是梳盘着燕尾儿。那时女性大致有两大类、五种发式，编发和盘发是区分已婚和未婚的标志。

未嫁旗女有两种辫发。一是与男性辫发式的梳法略有差异之处的普通辫发，

均从耳郭后缘起向上作为前后分界，男
性前为净发，女性前为额发，也称"刘
海儿"（图7-13）。女性发辫是在肩部系
寸长发绳后，才开始编结直至发梢；而
男性是直接编发，没有发绳。发梢处编
进长发带使发辫最大限度地延长，其长
度可以至小腿。二是大松辫发，在前额
有刘海儿的同时，还在耳旁留有鬓发，
在脑后留披发垂肩。头顶选择部分头发
分头顶、脑后两段扎结，从肩部开始合
股后编结直至发梢编进发带。

已婚旗妇主要有三种发式：一是贵
族妇女或略有身份的妇女盘梳"大拉
翅"，二是仅采用"燕尾儿"的髻发，三
是最常见的普通已婚女性梳的"旗座"
发式。头上髻发高耸，下有扁平燕尾儿，
盘梳成犹如鹊鸦一样的旗座发式，发上
簪戴花朵。

（四）满族在制服中尚保留
民族样式

晚清满族统治者在采取西方军队的
建制中，依然保留了满族军队的一席之
地，其标志作用远大于实际功能作用。
从历史上看，军队服饰一直与传统民族
服饰形成明显对比，是引领服饰变革的
先锋军，晚清时代则将这个特点推向顶
级。从《醒世画报》画面上的人物可见，
宣统元年正处于与西方服饰文化交融的

图7-12　旗头（《醒世画报》）

图7-13　1930年前后沈阳西塔前的旗装（留刘海儿）女子
（私人藏品）

阶段。晚清正规军队服饰基本采用了西方军队的服饰建制，作为最高统治者的满族，为了延续本民族的统治地位，可以牺牲代表满族标志的辫发形式。在服饰历史上，西式军服与剪辫子都具有划时代的意义。

《醒世画报》描绘了众多的制服和军队服饰，所涉猎的各个兵种服饰都有自己的特点。在街头的巡士、铁路的巡警、站岗值勤的警士、学生兵、陆军、步兵、探访局官员、当朝宫廷官员等众多的军队人物服饰形象里，仍有步兵营中的个别兵种和当朝宫廷官员尚用清代制式服饰，仍保持满族传统服饰的装扮（图7-14）。第二十二期（宣统元年十一月十一日）《醒世画报》中的值勤步兵，就穿着长至小腿中部的长袍，外套长盖臀的无袖马甲，前后中心贴有补子，衣中式盘扣，头戴无檐帽，脚穿布靴，长辫垂腰，着满族军队服饰；而第二十七期（宣统元年十一月十六日）中刊载的《路劫破案》所描绘的步兵营南巡队却是着西式军装，形成中西服饰共存于一个兵种的奇异景象。通过第四十八期画报刊载的《如是我闻》中的对话文字可知该兵种尚由旗人提供经费：昨日在西城南顺城街有位老太太与一位旗下百什户说："我们每月三两的甲按七成应领二两一钱，折制钱一吊扣银七分应实□二两零三分，怎么□□一两七钱银□哪。"就听百什户说："您打听各旗

图7-14　1865~1875年的满族服饰

全如是，不只咱们厢盖满再加上咱们发达主意，所扣之项作为公办之费。"这老太太说："步营怎么□二两零三分也不扣办公费呀。"（□为字不清楚之处）友人事忙跟着听了一通未能听完惟望上宪查查吧。

（五）服饰上所表现出的满族进取意识

《醒世画报》本是对日常生活现象的评判，人物的穿着打扮等刻画都是无意而为之的自然流露。单以满汉相融性为题，笔者对四十三期《醒世画报》中所出现的154名女性服饰做了一个比照统计。服饰最能表现出人们内心世界的活动，这些偶然形象数据中传达出必然信息。

1 满族与其他民族的相融性

通过表7-1可知，在154个可以明确身份的女性形象中，满汉女性服饰中流行着共同的装饰方法，不仅提供了满汉两族服饰的区分标志，也表现出满汉服饰的共融趋势。旗女特有装束，大多身着旗装、及地长袍、马甲，与满族的发式、鞋相搭配。外套穿着样式多变的无袖长袍、无袖短袄。少部分与汉族女性一样着过膝的短袍。汉族服饰虽与满族服饰有相同的镶嵌绲边装饰手法，但与满族的旗装保持明显差异。

表7-1 《醒世画报》（四十三期）女性服饰比照统计

满族女性 72人 占总人数 47%	长袍	短袍	马甲	有袖饰	汉族女性 82人 占总人数 53%	长袍	短袍	马甲	有袖饰
人数（人）	48	24	9	10	人数（人）	0	82	0	10
比例（%）	67	33	13	14	比例（%）	0	100	0	12

虽经近300年满族统治，汉族依然固守本民族文化，表明内心深处的抵触意识。例如，在72名满族女性中间尚有24人着短袍，而82名汉族女性则无一例身着及地长袍、马甲的服饰形象。另外，具有北方特点的绑腿，也体现出满汉文化的差异。汉族女子宽肥的散裤可窥见汉族传统襦裙的影子，与宽松肥大的过臀长袍相配（图7-15）。汉族女子的绑腿也可高达小腿中部，使小腿的紧张曲线顺势而下与三寸金莲的小脚相配，犹如鹿的健腿一般。因满族长裤本身就瘦紧，绑腿也

不必过高，仅以寸长的收口形式即可以抵御北方的风寒。着旗装的满族女性袍长及地，宽大的袍服下隐露出旗鞋脚尖，可见汉文化的含蓄体现。

如果旗女也着汉族宽肥长裤，宽肥长裤的余量会过度支撑旗袍，破坏旗袍外轮廓线条的流畅性，也会因袍与裤的摩擦羁绊腿部运动。满汉女性服饰在与其他民族文化的融合学习中坚守民族的特色。从另一个角度看统计数据，满族女性学习其他民族服饰艺术的行为，不仅扩延本民族的服饰内容，也表现出满族所特有的主动性和主控性特征。

② 满族对其他民族文化的学习性

满族从发式、衣着、鞋到装饰手法都保持了民族习俗，具有自成一体的完整服饰系统，成熟的服饰制度，如过腰称褂，过臀称袄，过膝称袍。满族人将外族单衣称为长衫，将棉衣称为长袍。从画报中所描绘的人物服饰图案看，此时都穿袍服的满族男女服饰装饰手法相似，女装上的手工刺绣等内容更加精致而丰富，性别区别也就在这些具有女性特色的精细之处。满族男女服饰为彰显富贵，多选择满地图案花纹的面料，在提花面料上再刺绣花纹。长袍短袄的提花面料、平缎面料、花边都是最为常见的服饰用料，由单至夹，由棉至皮，由平至凸，色布拼接，扎裹不同。平民大量应用提花面料、机械织造图案，反映出清代纺织业的发达与兴盛，以及满族对现代纺织工艺技术的接纳与普及。男装的中式短袄、长袍因少了许多的镶嵌绲荡工艺装饰而显得更加简洁、朴实。从《醒世画报》中的人物着装上看，平民服饰中也没有宫廷服饰中常见的如意云纹造型。

③ 满族不断挑战传统的叛逆性

宣统元年，在外来文化的冲击下，很多年轻人敢为天下先，大胆尝试"螃蟹"的滋味，所谓"不伦不类"的特殊服饰形象已经掺杂在传统服饰之中。例如，十一月十九日《醒世画报》中的和尚戴僧帽，穿长袍、布鞋，披洋式斗篷；十一月初一的画报中有西方大氅出现，其高领遮颊，右胸上有一粒大扣。更有甚者，男女服饰反串穿着。这些都充分表现出人们的审美意识在打破传统、接纳现代之初期时的混乱状态。弄潮儿却是无所顾忌的社会最底层的人，这与改革开放初期"奇装异服"现象相同，同为长期封闭后，国门初开的情形。

（1）男扮女装：宣统元年，李菊侪在十一月二十日的第三十一期《醒世画报》中画了一个男扮女装者的形象。其留有女孩子的前刘海儿，戴着眼镜，穿着皮领，大襟上衣中间开衩，短宽袖露出长袍的遮指衣袖，脚踏皮靴。"本月十七日晚十二点钟，有人打从小李纱帽胡同经过，猛然一阵打鼻香，过来一个人娉娉婷婷，细一看原来是一个男子留着前刘海发，擦着一脸的粉硝，浑身的衣裳就不用提够多么（们）漂亮啦。如今正是竞争的时代，这类粉饰不能让妓女专利，据我们说这段新闻要是在韩家潭我们早就不画啦。"

（2）女扮男装：在宣统元年十一月五日、六日第十六、十七期的《醒世画报》上连续刊登了《女儿多爱学男妆》的文稿。"足着乌靴假大方，女儿多爱学男妆；凤头鞋子虽难抛却，终是趑趄向路旁。新式衣裳巧模样，女儿多爱学男妆。雌雄到此浑难辨，任他人说短长。蹀躞茶楼引领望，女儿多爱学男妆。纸烟风镜娇模样，竟尔相忘是窈娘"。宣统元年十一月二十三日的第三十四期《醒世画报》中画了两个女扮男装的人物形象。其袍长抵膝，下着长裤，戴眼镜，穿皮鞋。手提小巧拎包，衣饰花朵（图7-16）。"十九日午后，王广福斜街有两个妓女，打扮得很文明。穿着一双皮靴，鼻梁上架着一副金丝眼镜，大襟上戴着一朵花儿，直像个女学生。咳！中国服制杂乱无章，男女随便胡乱混穿，以致鱼目混珠呦"。从前刘

图7-15　1911年海边的满族妇女（局部）

图7-16　女扮男装

海发、遮指衣袖、脚踏皮靴、足着乌靴等特征看，画面中的人物应为满族。不论
是女扮男装，还是男扮女装，都已经充分显示出个性意识正在苏醒，大胆追求表
现自我的胆识不亚于当代人。

透过《醒世画报》所描绘的人物风俗画卷可见，晚清时期的北京是一个服饰文化
非常开放的城市。在西方服饰的影响下，中西服饰文化思想开始相互交融。满族能在
最具善变天性的女装中固守旗装，在最念民族之本的男装中一统天下，必定有强大的
民族信念予以精神支撑。

三、末代帝后对服饰的改革

自1922年溥仪大婚以后，从溥仪和婉容及文绣的宫廷服饰和宫廷外新式服饰
上，可见满族服饰的诸多变化（图7-17、图7-18）。1924年溥仪和婉容从紫禁城
走出后，开始变得时尚时髦，与时代相融，婉容的西式烫发代替了满族的大拉翅
（图7-19）。婉容对旗袍做了很多时尚性修改，从史存照片看，婉容的旗袍也与今
日样式相差不大，她无疑成为满族服饰的代言人。回望溥仪剪辫子一事，一个满
族顶级统治者，为了跟上时代变化，竟可剪掉满族的重要标志，足见社会潮流的
巨浪，以及一个民族想跟随时代脚步的渴望（图7-20、图7-21）。

此后的历史都由很多国外记者记录在册。旗袍已经成为女性特有服饰的名称。
长衫大褂留给了男性，长袍马褂成为男性的专有服饰。

善于吸纳中国千年文化的满族服饰具有强大的生命力，使满族服饰习俗成为
多元服饰时尚之一。这种精神力量不是一触即逝，势必会转化成另外一种蓄势待
发的能量，为百年后旗袍登上世界服饰舞台储存足够的爆发力量（图7-22）。

四、满族服饰的现状

近年来在保护民族文化的政策下，多地都在挖掘满族服饰文化遗产，兴办
满族服饰产业（图7-23）。满族服饰逐渐从旅游景区的拍照服，回归日常生活
（图7-24）。旗袍作为女性特有服饰，在《花样年华》等影视媒体的推介下，被华
人带到世界各地，各地的旗袍大赛此起彼伏。

留给男性的长衫（大褂、长袍），被完整留在评弹、相声等曲艺中。

图7-17 民国初，溥仪与老师（台北故宫博物院藏）

图7-18 1924年婉容在紫禁城（台北故宫博物院藏）

图7-19 1925年溥仪和婉容在天津（台北故宫博物院藏）

图7-20 1911年的剪辫子

图7-21 1911年剪辫子以后的满族人背影

图7-22 1931年上海街头穿旗袍的女性

图7-23 2016年箭袖袍透明塑料装置艺术（北京三里屯）

图7-24 2019年沈阳的手绘旗袍

第七章

满族服饰的传承

273

第二节　满族服饰对其他民族服饰的影响

满族对于汉族的男装影响早已不用多说，清朝初期是以统治者身份强制性实施更改满族服饰与发型，以致台湾将凡是跨海入台的人统称为"汉人"，根本没有旗人汉人之区分。保持汉风的女装在百年之后，也慢慢地接纳了很多满族服饰特征，出现了很多镶嵌装饰，应用了大量的盘金装饰手法。清中期以后，满汉服饰有了相互效仿的现象，"大半旗装改汉装，宫袍裁作短衣裳"。据说《红楼梦》中金陵十二钗的服饰形象来源于北京故宫博物院所藏的《雍正十二妃子图》，从画中可以看出此时期的宫廷嫔妃服饰是以明汉服饰样式为主。

从今存地图上看，清统治时期的所有国土地域辽阔，东西南北中各地域服饰都浸染着满族服饰文化的元素。

一、对东北其他民族服饰的影响

东北的很多少数民族都与满族同根同源，像达斡尔族、锡伯族、赫哲族、鄂温克族等的祖先都有"肃慎"等同样的称呼，他们的生存地域虽然辽阔，但因交通便利，促使大环境下的生态特征基本相似，再加上东北的少数民族长期保持多民族杂居状态，促使各民族间相互影响（图7-25、图7-26）。东北各民族服饰在

图7-25　图瓦人服饰局部（俄罗斯民族博物馆藏）

图7-26　1920年那乃人皮靴（俄罗斯民族博物馆藏）

整体外观造型有很多共同之处，如袍服、紧领、镶边、束腰，民族元素多保持在材料和细节的处理上。

前面已经多次提及满族服饰与蒙古族服饰联姻的状态。蒙古族媳妇制作日常衣衫，女真语言中混用蒙古族词汇，满族与蒙古族服装既有撞衫之处，又有个性特点。箭袖、袍服的共同特征难以区别彼此。但从宽窄、肥瘦、长短、开衩、缺襟、多镶、皮棉等处理上，又表现出彼此的特色。蒙古族皮质袍服上也会出现很多丝棉织的镶嵌花绦。

二、对新疆、西藏地区民族服饰的影响

在近300年的满族统治历史时期中，随着满族边疆军事防御的延伸，国家治理有很广泛的渗透。历史上著名的锡伯族西迁之举不仅把满语留在了新疆，也把满族文化带到了新疆。从新疆维吾尔自治区博物馆所藏服饰就能看到满族服饰与新疆当地服饰相融合的状态（图7-27）。生活在新疆的当地少数民族，在对襟服饰上应用着具有游牧民族特有的云卷，同时也体现着十八镶嵌的装饰风格。满族自身的民族服饰也因地处新疆而吸纳了西域少数服饰面料与装饰风格。

满族也有人在西藏地区生活（图7-28）。从1876年约翰·汤姆逊所留的西藏

图7-27　满族风格的新疆袍服局部（新疆维吾尔自治区博物馆藏）

图7-28　1876年生活在西藏的满族人

满族人家的影像上，可以看出西藏宗教文化的相貌及藏式的发型梳理方式。其服装保留着满族典型的琵琶襟。在西藏博物馆中存有大量满族官员的使用物品、大清皇帝的袍服、满族军人的铠甲等。

三、对西南少数民族服饰的影响

从民族学的角度来说，越偏远的地区越能捕捉到所留存的民族文化遗风（图7-29～图7-32）。我国西南少数民族受地域偏僻、山高水远、交通不便等自然条件的制约，服装习俗一直呈现缓慢变化的状态。根据笔者田野调查，可见地域情

图7-29　2017年湖南怀化侗族满襟衣的可拆袖　　图7-30　2016年怒江白族满襟衣袖　　图7-31　1905年云南满族风格服饰

图7-32　羌族男性服饰

况。就像投石入水，最外边的水纹会在最后消失一样，偏远地区远离文化中心，服饰遗风变化较慢，清代满族服饰文化对他们服饰的影响要小，民族服饰的遗存保留状态要好于东北少数民族服饰，在尚存的老年人身上还能看到传统服饰的款式。但在年轻人身上，多是现代西化服饰。若想看到满族服饰对西南少数民族服饰的影响，则需要通过他们的节日盛装才行。

从苗族、侗族服饰中的满襟衣，畲族、羌族的土司服，傣族车里宣慰使官服，景颇族"脑双"长袍，瑶族功德衣等民族服饰上，都能看见满族服饰的形态。服装造型、大襟结构、图案纹样组织等方面都有遗存。很多华美的服饰都存于部落首领家中，转而再影响整个部落的服饰。服饰的特点，从侧面印证了清代中央政府对云南、西南等少数民族聚居地区的统治及其隶属关系。西南少数民族所信仰的萨姆女神与满族的萨满女神有着共通点。

四、对南方服饰的影响

从元代开始就有女真人迁徙至福建一带定居，其中部分女真人继续跨越海峡迁徙到了我国台湾地区。满族自登上统治位置以后，在福建设立了负责管理远至台湾的机构，在广州设立了专供满族驻扎军队的满洲城，派八旗官兵驻防守护南边的国家疆土。从1869年以后，有很多来自国外的摄影师与摄影爱好者都用影像记录了当时中国南方的各地服饰。从约翰·汤姆逊所拍摄的"广州满族士兵"照片上，还能看到满族驻军的军容。近年来，那些老照片更加频繁出现，为说明那段历史服饰提供了很多资料。

满族服饰对南方服饰的影响多体现在装饰风格上。满族服装的制式已经完全按照南方气候而改变。适宜北方寒冷地区的长款服饰被缩短，为了通风散热，降低了立领高度，放大了领口，放宽了衣身，提高了袍服的开衩。服装材料完全被丝绸替代。2003年，笔者在香港理工大学服装系的陈列室里，展示许多早年收集于南方的对襟褂、旗袍等服饰（图7-33）。从这些

图7-33　2003年旗袍展示（香港理工大学）

服饰上可以清晰地看出清代服饰的印迹。普通民众的日常旗袍与京城旗袍样式无二，旗袍装饰都趋简单大方，褂服上的装饰、面料简约精致，装饰材料和装饰风格有明显的西方工业特征。在厦门大学等陈列馆、博物馆中，随时随地都能看见这类丝质旗袍的身影。

满族旗袍再往南行，进入越南后最终演化成袍服开衩高至腰际的"奥黛"。

第三节　满族服饰对台湾先住民服饰的影响

台湾是中国不可分割的一部分。元朝曾经设置过一个叫作"澎湖巡检司"的行政机构，是台湾地区的首次官署设置，负责管理台湾地区事务。明朝沿袭了元朝"澎湖巡检司"的制度。

一、女真粘罕后裔进入台湾

大金国的开国功臣完颜宗翰的女真后裔，有一部分进入台湾。完颜宗翰的女真名字叫粘罕，其后代以粘为姓。大金灭亡后，粘罕后裔粘重山在元朝做过左丞相，被封魏国公。粘重山的后裔迁至福建，一部分到东南亚地区，一部分后来跨海到了台湾（图7-34）。粘氏满族人在台湾有八千多人，粘氏在台湾满族里占很大比重。

二、先住民大肚王国

17世纪初期，台湾岛中部有几个部落的先住民，如巴布拉族、道卡斯族等，在台湾中部地区（今台中市附近），成立了一个叫作"大肚王国"的原始政权（图7-35）。在台湾的南部山地，有另外一个先住民政权"大龟文王国"。1650年，荷兰殖民统治时期，台湾有汉人10万，先住民15万～20万，荷兰人数千。先住民服饰为汉服，与荷兰服饰共存一岛。

图7-34 清官人瓷像
（中国台湾永汉文物馆）

图7-35 2014年邹人战祭（台湾顺益博物馆藏图）

三、明朝管治时期

清朝之前，1662～1683年明朝管治台湾。1662年，荷兰人宣布投降，郑成功在台湾岛上建立了有史以来的第一个汉人政权——明郑王朝，也是中国人在台湾建立的行政机构。此时汉人着明制汉族服饰。

四、清朝管治时期

1683～1895年，清朝是历史上治理台湾时间最长的统治者，从1644年开始，满族统治中国268年，1683年清朝大将施琅率大军征台，郑成功的孙子郑克塽投降归顺，完成了清朝接管台湾的大事。1684年4月14日，康熙将台湾岛正式纳入清朝的行政版图，隶属福建，将"东宁"改为"台湾"，并设置了有史以来第一个隶属于大陆中央的行政机构"台湾府"。

清朝统一台湾后，禁止潮州、惠州地区人移居台湾，而一部分满族人被派进入台湾，占当地汉族人数的10%。1717年，周钟瑄在《诸罗（四维）县志》中记载"诸罗实具五民毋亦，唯是闽、粤各省之辐辏，饮食、居处、衣冠、岁时伏腊与中土同。"据1718年记载，台湾有汉人25.7万左右。以汉治汉，来台官吏均为汉人。据史料记载，为防长居台湾的官兵效仿吴三桂与当地联合反清，清政府对台湾治理实行三年一期的"班兵"制。即官兵每三年一轮换，官员也不准带家属同来，家属留大陆为人质，直至后期才允许官员带家属来台湾。

有反映清初台湾社会现象的谚语云："一个某，恰赢三个天公祖"。这个独身规定，加速了平埔族与汉族的融合。圈地驻扎在台湾的军队中都是清一色的男性，因为清政府当时并没有看好台湾这个地方，所以其所派军队的管理特别涣散，不仅经常引发与当地人的冲突，青壮年士兵与当地女子也会有情愫发生。三年到期时，就会有人选择留在台湾。据顺益台湾先住民博物馆视频资料介绍，先住民中有很多来自清政府军队的逃兵，还有很多士兵在回到大陆后，自己再重新回到台湾。1720年，清政府开始进行台湾北部平原大开发，1776年废除"班兵"制度。

从史存照片看，1874年沈葆桢穿着的清三品文官袍，与1873年丁绍仪在《东瀛识略》中记载的"其起居、服食、祀祭、婚丧，悉本土风，与内地无甚殊异"相符。1874年在协助清政府平定牡丹社之乱时，也有很多台湾先住民参加了平乱，并有人受邀到北京紫禁城接受清政府的嘉奖与赏赐。在先住民邹人的"战祭"中，"黄马褂"作为祖先功德接受后人祭拜。由1880年清朝命妇的史存照片可见，满族服饰对台湾地区服饰的影响。1807年，谢金銮等人在《续修台湾县志》中记载"居台湾者，皆内地人，故风俗与内地无异"。1895年，台湾先住民因"四季气候的炎热""政治束缚的松弛""社会风气的奢华""民风观念的开放"，发展出稍有异于大陆衣饰文化的现象。台湾先住民的服饰，在《皇清职贡图》上表现得最为系统。

1683～1895年，是由满族管治台湾，按18年为一代人计算，就是12代人的延续。在这12代人的传承中，满族服饰对台湾先住民服饰的影响是无法剔除的（图7-36～图7-38）。台湾绝大部分土地属于亚热带地区，四季常青，不适宜穿着生活在东北的满族服饰。但在满族的帝王统治下，各地民族服饰还是积极向满族服饰靠拢，在结合当地服饰习惯的基础上，不断改良满族原有的服饰。

图7-36 家族供像（中国台中市台湾自然科学博物馆藏）

图7-37 嘉义王化家庙王得禄朝服像

图7-38 1900年的台湾官员（林方正藏）

五、日本殖民统治时期

　　1895年，因清政府与日明治政府签订丧权辱国的《马关条约》，把台湾岛与澎湖列岛割让给日本，因此1895～1945年为日本殖民统治时期。台湾先住民的民族分类始于1905年日本人类学者的田野调查之后。1900年，日本殖民统治者并没有改变服制，台湾先住民仍可以穿着中式服饰。随着日本殖民统治的深入，此时的台湾出现了日式服饰与中式服装共存的状态，逐渐出现台湾先住民将日式服装与中式服装混搭的情况（图7-39、图7-40）。

图7-39 1900年中式与日式服饰

图7-40 1904年中式服饰

　　1897年台湾开始"解缠剪辫"。1911年在保甲规约中规定，除脚趾弯曲无法恢复的外，未满20岁的缠足者均须解缠，女儿绝不可缠足。日本人类学者在完成台湾先住民田野考察以后，于1915年出版《台湾蕃族图谱》，其中记载：当时台湾有3377302本岛人，多来自中国大陆南部。还有129750人是台湾山地先住民。日本人类学者在田野调查摄影后提出，受台湾平地先住民和汉人（台湾不分满汉，统称汉人）的影响，1895年前后的台湾山地先住民女性服饰中就已经有很多大陆服饰的影子，如阿美人有似满族的红缨帽子。在台湾历史语言研究所的先住民文物陈列馆的先住民说明中标注有"排湾女子服装主要包括仿旗袍式右衽的外衣（龙袍）lung-pau"。

　　1895年，除雅美人外，在台湾六个先住民族的服饰上，都可以看到满族服饰的影子。2019年，在历史语言研究所展柜中的排湾人、鲁凯人展品——黑色缀珠女长衣、披肩、额饰、礼刀上都有满族服饰的影子（图7-41、图7-42）。满族的拖地长袍，在排湾人、阿美人等女性服饰中，变成了合体及膝的短袍，盘扣变成了铜纽，琵琶襟短至乳下。邹人男性，头戴特殊的皮帽，身着皮套裤、皮鞋，皮帽后加饰垂羽。这些经过鞣革后的皮制服饰与满族男性所穿的套裤形制一致，靰鞡鞋因气候炎热而被省略了脚面上的皮子，但皱褶依旧（图7-43、图7-44）。

图7-41　排湾人女装（台湾大学博物馆藏）

图7-42　鲁凯人女装（台湾大学博物馆藏）

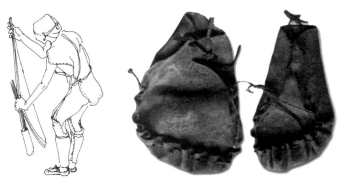

图7-43 邹人的鹿皮装（据濑川孝
吉1918年拍摄绘制）

图7-44 邹人皮鞋

六、中华民国时期的满族服饰

在1911年的"解缠"规定后，1930年代在抗日的思想下，台湾地区几乎与大陆同步出现旗袍女装（图7-45、图7-46）。1949年以后，旗袍与中西合璧服饰同在，一直到20世纪70年代以后，旗袍才退出大众日常生活，成为专用的礼仪服饰。

图7-45 1937年台湾旗袍与洋装同在

图7-46 1937年台湾旗袍（陈明达藏）

台湾的"解缠"行动是针对清后期汉族女性而言的，先住民女性是无脚可放的。从台湾木屐的记载来看，台东知州胡传（字铁花）在光绪十九年秋兴诗中提到"蹴踏街头木屐双"，高跟配棕榈编的带子，在木板两边钉上带子作为"柴屐耳"，将带子贯穿木头前后，再将木头绑在脚上。早在日本殖民统治前二三百年就有木屐，台湾称"柴屐"。样式源于福建、盛行于雨水之都的"基隆木屐"，旧时多为厨房女子穿着。

七、近80年的满族服饰

从1949年开始，台湾学者对先住民做了人类学的研究，对他们的身高、头长、肤色、发型、耳朵、牙齿等进行测量。1955年的研究结果表明，邵人、排湾人、布农人、泰雅人等的体型比较接近。1962年美国学者到我国台湾，通过对泰雅、赛夏、布农、邹人、排湾、鲁凯、卑南等部落进行人类活动研究后认为，无法推论先住民的来源（图7-47、图7-48）。1992年台湾学者又从血液角度来考察血缘关系，其结果显示，台湾先住民不同族群间有许多共同基因。先住民先祖属于古代迁移台湾的蒙古族，推测是沿欧亚大陆东边沿海低洼地带迁移过来的，与东北亚大陆人群有亲缘关系。

图7-47　1900年台湾旗装
（陈明达藏）

图7-48　阿美人短上衣（中国台湾博物馆藏）

在台湾传承海派旗袍半个多世纪的"荣一唐装祺袍公司"的许荣一先生说，他自18岁跟随台北的上海师傅学做旗袍，至今已经50多年了。20世纪40年代，是旗袍在台北的兴盛期，台北女性不论是去菜场买菜，还是在家烧菜，都穿旗袍，订单如山，裁缝师傅每天最快能做出5件旗袍。1974年在台北市"祺袍工会"成立之日，为取"祺"吉利，当日将"旗袍"改为"祺袍"，成为台湾的特有用语。"祺袍"虽然改了名字，但"旗袍"流传至今并未改板型（图7-49）。

图7-49　1920年代几何印花旗袍（台湾辅仁大学藏）

参考文献

[1] 孙文良. 满族大辞典 [M]. 沈阳：辽宁大学出版社，1990.

[2] 富育光. 萨满教与神话 [M]. 沈阳：辽宁大学出版社，1990.

[3] 傅恒，等. 皇清职贡图 [M]. 沈阳：辽沈书社，1991.

[4] 中国戏曲学院. 中国京剧服装图谱 [M]. 北京：北京工艺美术出版社，1990.

[5] 韦荣慧. 中华民族服饰文化 [M]. 北京：纺织工业出版社，1992.

[6] 张碧波，董国尧. 中国古代北方民族文化史 [M]. 哈尔滨：黑龙江人民出版社，1993.

[7] 富伟. 辽宁少数民族婚丧风情 [M]. 沈阳：辽宁人民出版社，1994.

[8] 马尔塔·布艾尔. 蒙古饰物 [M]. 赫德·查胡尔，译. 海拉尔：内蒙古文化出版社，1994.

[9] 富育光，王宏光. 萨满教女神 [M]. 沈阳：辽宁人民出版社，1995.

[10] 姜相顺. 神秘的清宫萨满祭祀 [M]. 沈阳：辽宁人民出版社，1995.

[11] 刘小萌. 满族从部落到国家的发展 [M]. 沈阳：辽宁民族出版社，2001.

[12] 赵评春，迟本毅. 金代服饰：金齐国王墓出土服饰研究 [M]. 北京：文物出版社，1998.

[13] 佟悦. 关东旧风俗 [M]. 沈阳：辽宁大学出版社，2001.

[14] 郭淑云，王宏刚. 活着的萨满：活着的萨满教 [M]. 沈阳：辽宁人民出版社，2001.

[15] 鲍海春. 金源文物图集 [M]. 哈尔滨：哈尔滨出版社，2001.

[16] 林京. 故宫所藏慈禧写真 [M]. 北京：紫禁城出版社，2002.

[17] 于晓飞，黄任远. 赫哲族与阿伊努文化比较研究 [M]. 哈尔滨：黑龙江人民出版社，2002.

[18] 王松林. 中国满族面具艺术 [M]. 沈阳：辽宁民族出版社，2002.

[19] 张风纲，李菊侨，胡竹溪. 旧京醒世画报：晚清市井百态 [M]. 北京：中国文联出版社，2003.

[20] 支运亭. 清代皇宫礼俗 [M]. 沈阳：辽宁民族出版社，2003.

[21] 王智敏. 龙袍 [M]. 天津：天津人民美术出版社，2003.

[22] 李军均. 红楼服饰 [M]. 济南：山东画报出版社，2004.

[23] 洪英圣. 台湾先住民脚印 [M]. 台北：时报出版公司，1993.

[24] 周进. 末代皇后的裁缝 [M]. 北京: 作家出版社, 2006.

[25] 欣弘. 百姓收藏图鉴: 织绣 [M]. 长沙: 湖南美术出版社, 2006.

[26] 鲁连坤, 富育光. 乌布西奔妈妈 [M]. 长春: 吉林人民出版社, 2007.

影像拍摄来源:

[1]1869~1872年, 约翰·汤姆逊 (John Thomson), 英国摄影家

[2]1872年, 马雅各, 英国传教士; 马偕博士, 加拿大教师

[3]1895年, 森丑之助, 日本人类学者

[4]1903~1907年, 萨拉·康格 (Sarah Pike Conger), 美国驻华公使夫人

[5]R. Powell　鲍威尔

[6]Horace　Brodzky　霍勒斯　布罗兹基

[7]1904~1914年, 南怀谦 (Leone Nani), 意大利传教士

[8]1906年, 山本赞七郎 (S. Yamamoto), 日本摄影师

[9]1912年, 斯特凡·帕塞 (Stéphane Passet), 摄影师

[10]1912年, 伊能嘉矩, 日本人类学者

[11]1912年, 中岛重太郎

[12]1913年, 马尔塔·布艾尔

期刊来源:

《历史文物》	台北故宫博物院
《文物》	文物出版社
《故宫博物院院刊》	北京故宫博物院
《考古学报》	科学出版社

图片部分补充说明:

很多图片与影像收集之初, 单纯服务于教学, 存在缺失信息、记录不完善的问题, 在此统一标注。

后 记

从2005年首次承担国家社科艺术规划基金项目"满族服饰艺术研究"开始，我就在不知不觉之中走上了一条做研究、做学者的路，这一走就走了十余载，走到了今天。

2005年，第一次真真切切地感受到了什么叫压力、什么叫艰难、什么叫理想、什么叫无奈、什么叫遗憾……

2013年，亦是充满困难与收获的一年，真诚地感谢领导的支持、同行的帮助、朋友的鼓励、学生的付出、家人的辅助……

在走过来、再走下去的路上，我曾经放弃过，把自己购买的书籍清理出来捐给了学校图书馆。但有一些书，始终没有舍得放弃，一直留在身边，一起留下的还有对满族服饰的关注。直到有一天，再次来到赫图阿拉老城，踩在努尔哈赤曾经驻足的土地上，我又重新开始寻觅满族服饰中的奥秘。

没有了项目的桎梏，在学术探寻中体会到了真正做学术研究的愉悦，让我有更多接近谜底的机会："大拉翅"本是蒙古语"雄鹰的翅膀"，"踩寸子"本是满语"踩马蹄"。那犹如海东青利爪的指甲套，那动如蛇神梅合的大辫子，与太阳神德里哈奥姆与绳子女神佛塔嬷嬷……虽然又有许多个为什么在向我招手，但我已不急于走近。

十余年的学术关注，满族服饰文化已如一个包裹着我的大海，我无力深潜，只能随波逐流，通过历史海浪所奉送的馈赠品来认识大海。真切体验到学海无涯，不敢再轻语狂言。鹿筋、棉线、蚕丝线、化纤线，每一针每一线都凝结着一个民族的思想、精神、文化。"原始宗教对满族服饰的影响""戏曲中存留的满族服饰""满族对台湾早期服饰的影响"等，犹如被我推开一道道缝隙的大门，但我自知已再没有迈步的勇气。

今结此书，应是一个句号。

或许是一段，或许是一章，或许是一书。

鲁迅美术学院教授　满懿

2021年5月16日于沈阳在水一方